鲨鱼极限

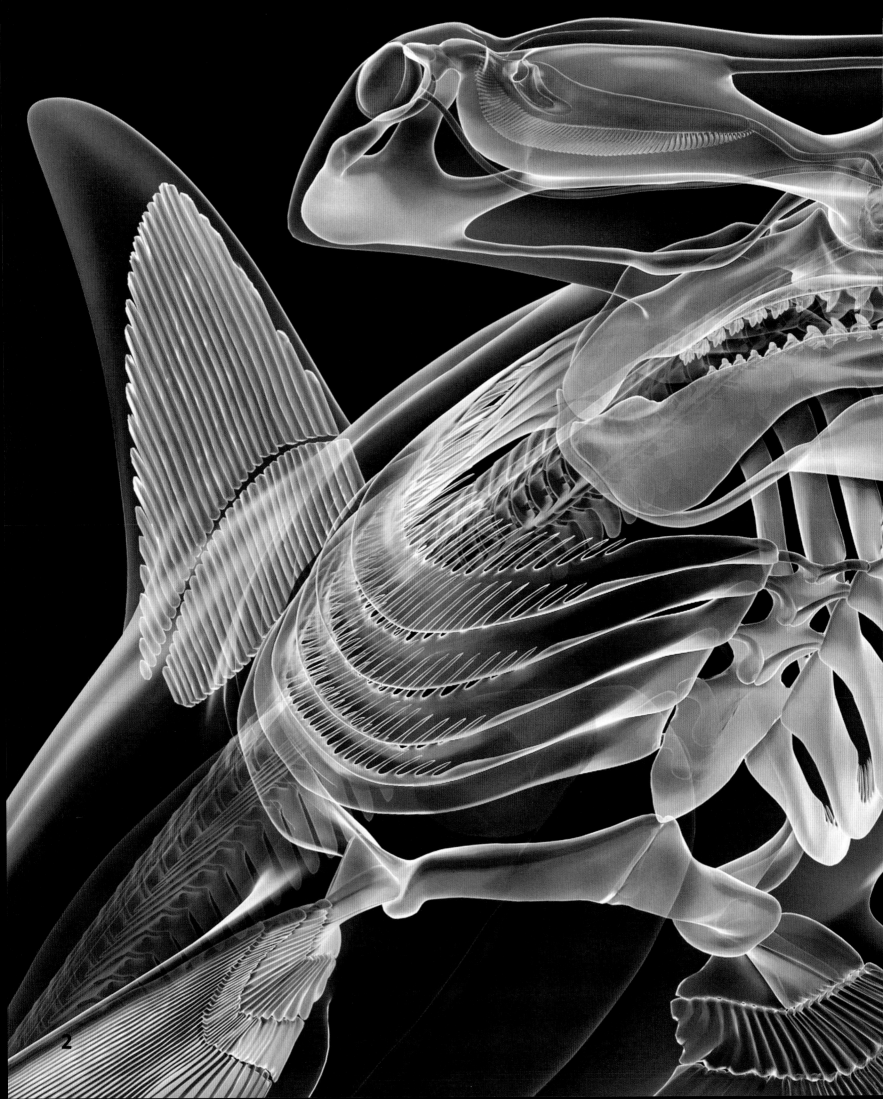

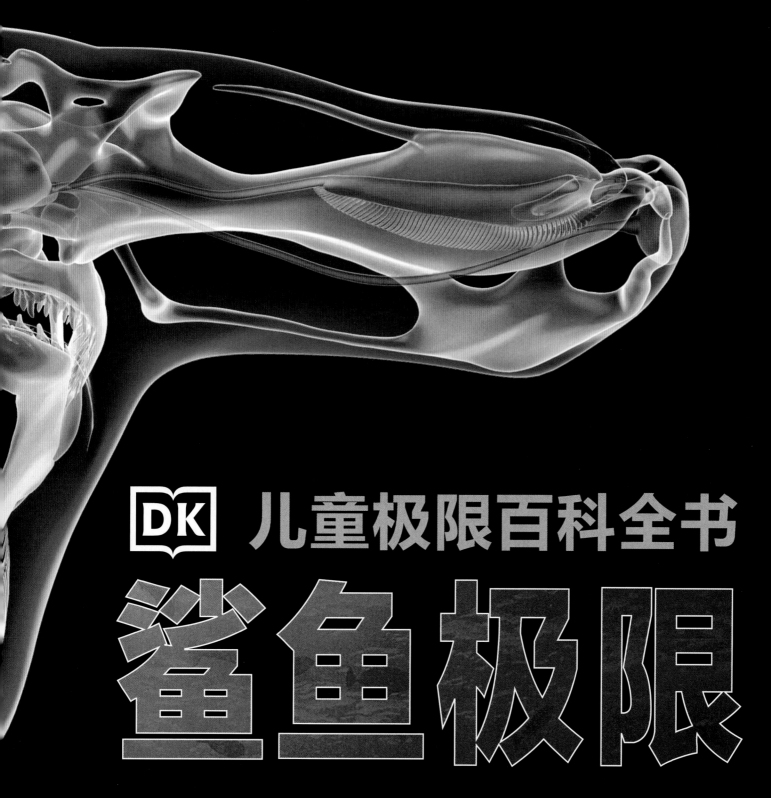

DK 儿童极限百科全书

鲨鱼极限

编著　德里克·哈维

译者　解晓丽

中国大百科全书出版社

目录

惊人的 解剖结构   8

来看看是什么让海洋动物如此完美地适应它们的生存环境：鳍、犬齿、颌齿、触须、五颜六色的伪装、棘、刺和血盆大口。从粉红色的小海马到巨大的鲸鲨，海洋动物的身体形状和大小各种各样。

动物 运动家   64

来见见海洋中最棒的游泳运动员、跳水运动员、冲浪运动员以及纺织高手吧，还有其他一些才能超群的动物——你可以与螃蟹拳击，随长尾鲨游来游去，与敏捷的剑鱼交锋，跟海豚一起旋转。

Penguin Random House

Original Title: Super Shark
Copyright © 2015 Dorling Kindersley Limited
A Penguin Random House Company

混合产品
纸张 |
支持负责任林业
FSC® C018179

www.dk.com

北京市版权登记号：图字01-2016-4989

图书在版编目（CIP）数据

鲨鱼极限 / 英国DK公司编著；解晓丽译. —北京：中国大百科全书出版社，2019.1
（DK儿童极限百科全书）
书名原文：Super Shark
ISBN 978-7-5202-0358-6

Ⅰ．①鲨… Ⅱ．①英… ②解… Ⅲ．①鲨鱼–儿童读物 Ⅳ．①Q959.41-49

中国版本图书馆CIP数据核字（2018）第238744号

生命的故事 **90**

在大海中生活时常面临各种挑战，因此动物们要找到最好的生存方式。磷虾或沙丁鱼要靠庞大的种群数量才能对付饥饿的捕食者。有些方式则很极端，例如鹦鹉鱼会藏进自己分泌的黏液中，而海参则会把内脏抛向敌人。

超感知能力 **162**

有些海洋生物具有隐藏的超能力。双髻鲨和锯鲨能检测到电信号；虾蛄能发现别的动物看不到的光；锥齿鲨会联手对付其他鱼类；扁头哈那鲨会偷偷接近猎物；而电鳐的身体中储存了强有力的电流。

深海探索 **188**

深海是地球上唯一有大部分区域未被探索的地方。让我们从长满珊瑚礁的温暖浅滩潜入冰冷黑暗的海底，看看波浪下面究竟藏了些什么。

译　　者：解晓丽

专业审稿：张　洁

策 划 人：武　丹
责任编辑：付立新
封面设计：邹流昊

DK儿童极限百科全书——鲨鱼极限
中国大百科全书出版社出版发行
（北京市西城区阜成门北大街17号　邮编：100037）
http://www.ecph.com.cn
新华书店经销
鹤山雅图仕印刷有限公司印制
开本：889毫米×1194毫米　1/8　印张：26
2019年1月第1版　2024年10月第7次印刷
ISBN 978-7-5202-0358-6
定价：168.00元

充满生命活力的海洋

从海边礁石环绕的水湾到开阔的海域及深海，世界上的海洋包含了令人惊奇的、种类繁多的物种及它们的栖息地。有些动物生活在距离陆地很近的地方，它们要随潮汐活动。还有一些动物终生都生活在海洋中层或者喜欢沿海床爬行。

珊瑚礁上生活着各种各样的生物

珊瑚礁

珊瑚礁沿浅海的海岸线生长，那里阳光明亮，气候温暖，给成千上万种海洋动物提供了适宜的生活和生长环境，其中包括礁鲨。

生活在海面附近的鲨鱼视觉器官发达，是活跃的捕食者

开阔海域

开阔海域中有大量浮游生物，它们生活在上层海水中。浮游生物位于食物链的底端，而这条食物链另一端的动物要比浮游生物大得多，例如巨大的翻车鱼和肉食性鲨鱼。

深海鲨鱼积蓄力量，给那些毫无防备的猎物致命一击

极地海域

地球两极周围的海水异常冰冷，在冬天会全部结冰。冰面下的海水中蕴含着丰富的营养物质和氧气，供养着数量庞大的动物，其中包括在附近陆地上休息或繁殖的海豹和企鹅。因为气候寒冷，鱼类生长缓慢，很多鱼的体内都有类似防冻剂的物质。

有些深海鱼利用光来诱捕猎物或吸引伴侣

底栖鱼类更愿意在海底缓慢爬行而不是游动

海鸟从海洋中获取食物

旗鱼和海豚在追逐鱼类时会跃出海面

滤食动物，例如蝠鲼，靠捕食浮游生物中较小的个体为生

在海岸

在海洋与陆地交会的地方，海洋生物不得不应对潮水的活动。有些动物在落潮时保持不动，等着潮水涨回来。还有一些动物不得不随着潮水游走。海浪对海岸的冲击力量十分巨大，比如海鬣蜥和螃蟹为了避免被冲走，就必须牢牢地抓住岩石，或者藏进岩石的裂缝中。

成群的鱼给沿岸分布的很多捕食者提供了食物

近岸水域

深海的营养物质沿着海岸线上升到海面，给海洋生物提供了重要的营养。这里食物非常丰富——鱼群聚集在一起，成为鲨鱼的捕食目标。世界各地的人们把这些群居鱼类作为食物来源。

有些鱼类把自己埋进泥沙里伏击猎物

深海

海洋最深处黑暗冰冷、压力巨大，生活在那里的动物，如深海章鱼以从上面沉下来的动物尸体为食，或潜伏在黑暗中伏击其他动物。

热液从海底喷发出来，在热液喷口处生活着很多独特的物种

水世界

从明亮、波涛汹涌的海面到神秘黑暗的海底，动物们已经适应了自己周边的环境。每一层海水中都有独特的动物群落，即使在食物匮乏的地方也不例外。

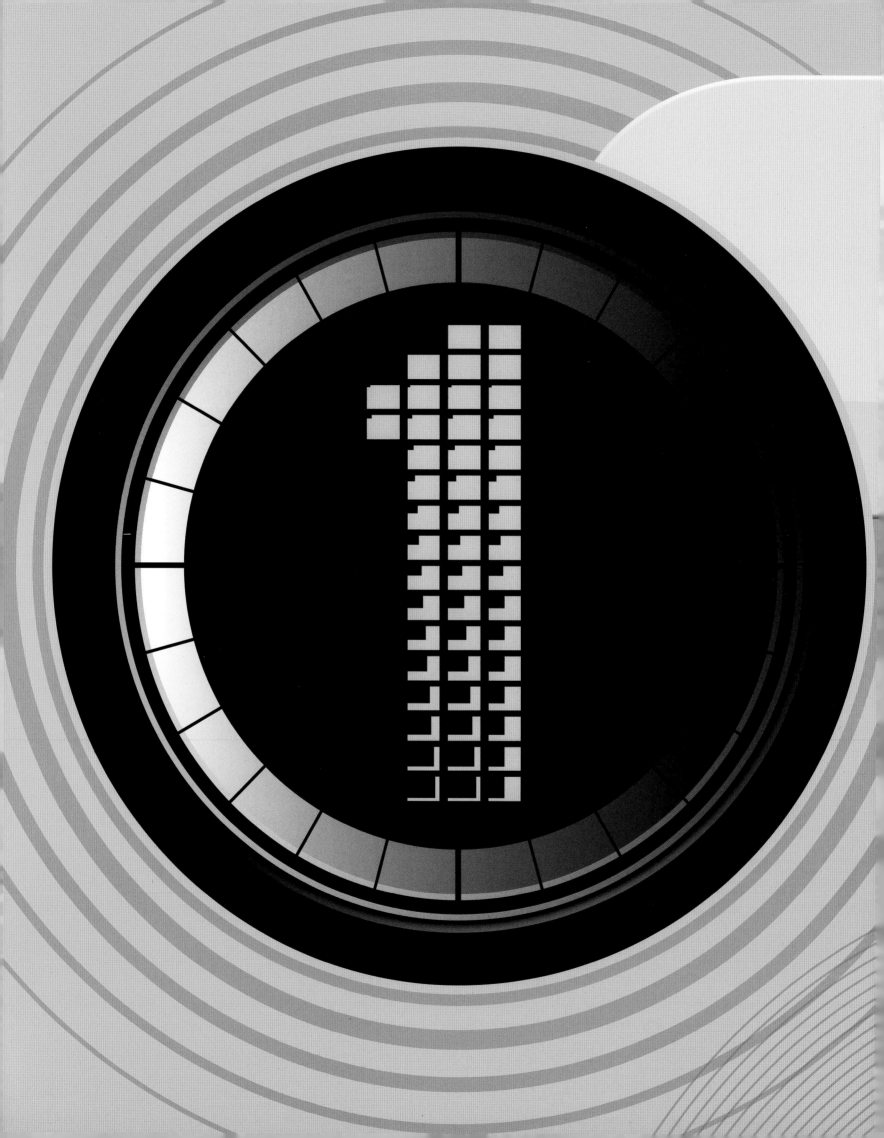

惊人的
解剖结构

生活在海洋中的动物已完全适应水的世界。背鳍和脚蹼、尖刺和螯针、吓人的牙齿，还有身体自带的一盏头灯，这些或许都是海洋动物在大海中生存必不可少的装备。毕竟你不知道海水深处到底潜藏着些什么。

浮游生物的天敌

姥鲨

如果你的个头有一艘渔船那么大，那么你得吃很多食物，这时有一张血盆大口就很有用。姥鲨张着漏斗一样的大嘴在阳光充足的海面缓慢巡游。当海水流过它的鳃时，它那刷毛状的鳃耙能把所有食物留住——从小虾到鱼卵——然后一口吞下。

特征一览

- **体形** 雄鲨长4~5米；雌鲨长8~10米
- **栖所** 沿海海域和开阔海域，尤其是浮游生物集中的地方
- **分布** 世界各海域，热带海域除外
- **食物** 浮游生物、小鱼、鱼卵

数据与事实

重量

1 000 千克（最重的肝脏重量）

| 千克 | 1 500 | 3 000 | 4 500 |

4 000 千克（最重的身体重量）

过滤水量

| 吨 | 1 000 | 2 000 | 3 000 |

约 2 000 吨

迁徙距离

| 千米 | 4 000 | 8 000 | 12 000 |

超过 9 000 千米

50
年
寿命

姥鲨巨大的油质肝脏让它能在水中浮起来，因此它可以待在水面附近，而且几乎不费力气就可以游很远。

最大鱼群规模

100
条

血盆大口

姥鲨喜欢待在明亮和食物充足的海面附近。与其他以浮游生物为食的动物不同，姥鲨不能吞进海水，只能在游动中张着大嘴让海水流进自己的嘴里。

"它张开的大嘴可以让一个孩子站到里面"

扭曲的脸

比目鱼的身体看起来总是向右侧卧，证据之一就是它的嘴的位置很古怪——它的嘴不在中间，这下真相大白了。它左侧身体的颜色与海底的颜色一致。

会移动的眼睛
比目鱼

要变成比目鱼这一类的鱼是需要时间的。比目鱼小时候没有特别之处：它们和其他鱼一样，眼睛长在头部两侧，在大海里游来游去。但是过了几个星期后，比目鱼的一只眼睛就会上移，越过头顶，一直移动到另一只眼睛的旁边。比目鱼两只眼睛都在身体的左侧，它用没有眼睛的右侧身体卧在海底，两只眼睛都朝上面向海水。

特征一览

- **体形** 长6~90厘米
- **栖所** 沿海海域、海床，成年后会迁徙到开阔海域产卵
- **分布** 世界各海域
- **食物** 生活在海底的无脊椎动物和鱼类

数据与事实

形态变化所需时间

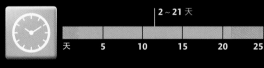

			2~21 天		
天	5	10	15	20	25

栖息深度

米	200	400	600

10~200 米（通常情况下）　　500 米（最深）

有些种类的成年比目鱼栖息的水深比其他比目鱼要深。所有比目鱼都栖息在海底的泥沙里，它们常常埋在泥沙里保护自己。

可弹出的颌牙
巨大的海鳝

海鳝耐心地在它的岩石洞穴中等待鱼游过，然后突然出击。它袭击猎物的方式跟其他生活在礁石中的动物是不一样的。首先，它用长满尖利牙齿的嘴咬住猎物，然后，第二套颌牙从喉咙后面弹射出来，把鱼拖进食道。

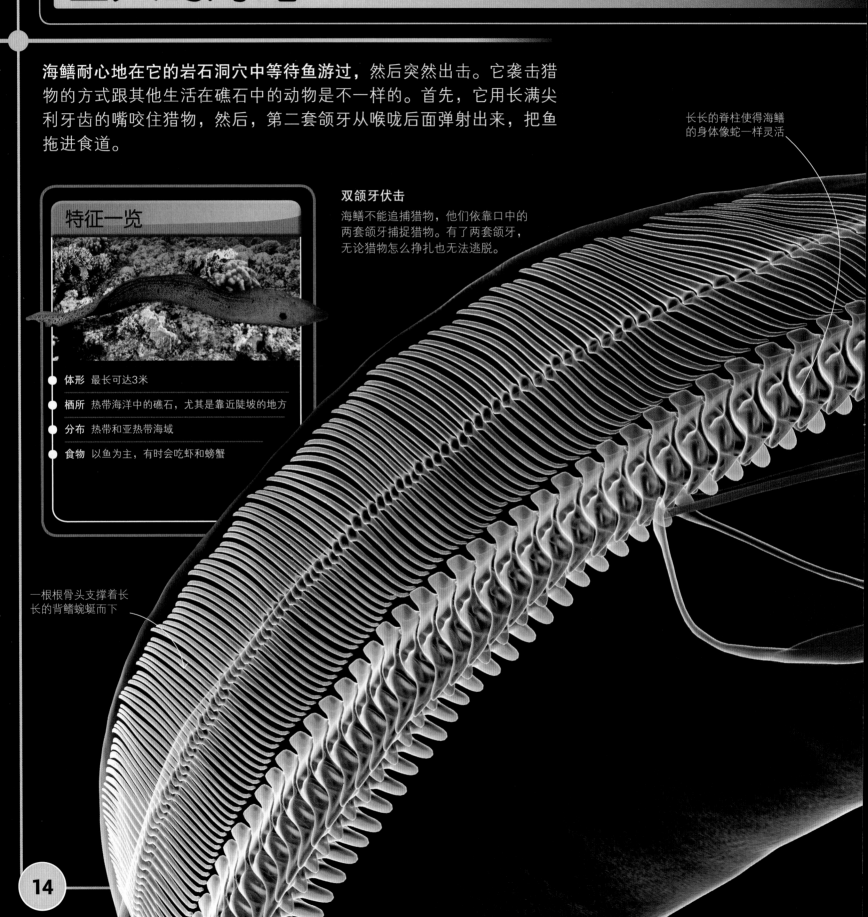

特征一览

- **体形** 最长可达3米
- **栖所** 热带海洋中的礁石，尤其是靠近陡坡的地方
- **分布** 热带和亚热带海域
- **食物** 以鱼为主，有时会吃虾和螃蟹

双颌牙伏击
海鳝不能追捕猎物，他们依靠口中的两套颌牙捕捉猎物。有了两套颌牙，无论猎物怎么挣扎也无法逃脱。

长长的脊柱使得海鳝的身体像蛇一样灵活

一根根骨头支撑着长长的背鳍蜿蜒而下

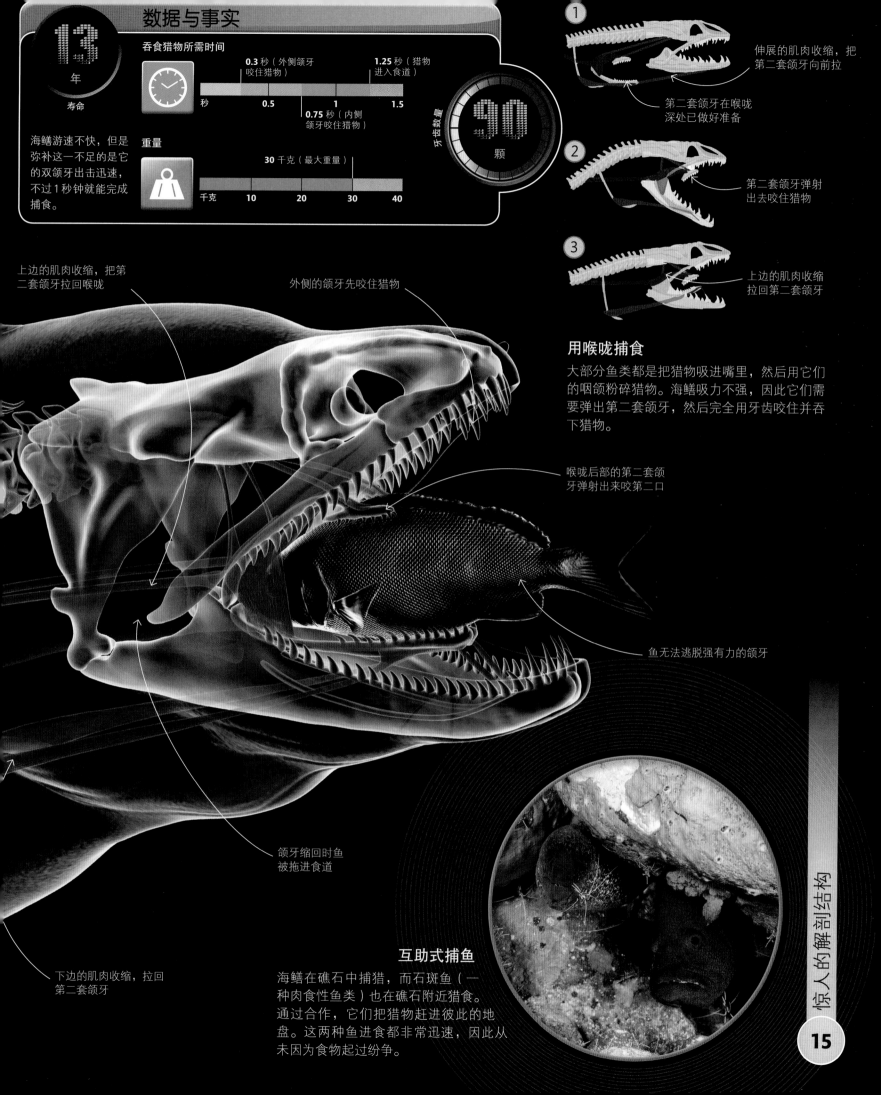

13
年
寿命

海鳝游速不快，但是弥补这一不足的是它的双颌牙出击迅速，不过1秒钟就能完成捕食。

吞食猎物所需时间

0.3 秒（外侧颌牙咬住猎物）　1.25 秒（猎物进入食道）

秒　0.5　1　1.5

0.75 秒（内侧颌牙咬住猎物）

重量

30 千克（最大重量）

千克　10　20　30　40

90
颗
牙齿数量

① 伸展的肌肉收缩，把第二套颌牙向前拉

第二套颌牙在喉咙深处已做好准备

② 第二套颌牙弹射出去咬住猎物

③ 上边的肌肉收缩拉回第二套颌牙

用喉咙捕食

大部分鱼类都是把猎物吸进嘴里，然后用它们的咽颌粉碎猎物。海鳝吸力不强，因此它们需要弹出第二套颌牙，然后完全用牙齿咬住并吞下猎物。

上边的肌肉收缩，把第二套颌牙拉回喉咙

外侧的颌牙先咬住猎物

喉咙后部的第二套颌牙弹射出来咬第二口

鱼无法逃脱强有力的颌牙

颌牙缩回时鱼被拖进食道

下边的肌肉收缩，拉回第二套颌牙

互助式捕鱼

海鳝在礁石中捕猎，而石斑鱼（一种肉食性鱼类）也在礁石附近猎食。通过合作，它们把猎物赶进彼此的地盘。这两种鱼进食都非常迅速，因此从未因为食物起过纷争。

惊人的解剖结构

行走的螃蟹粉碎机
加利福尼亚虎鲨

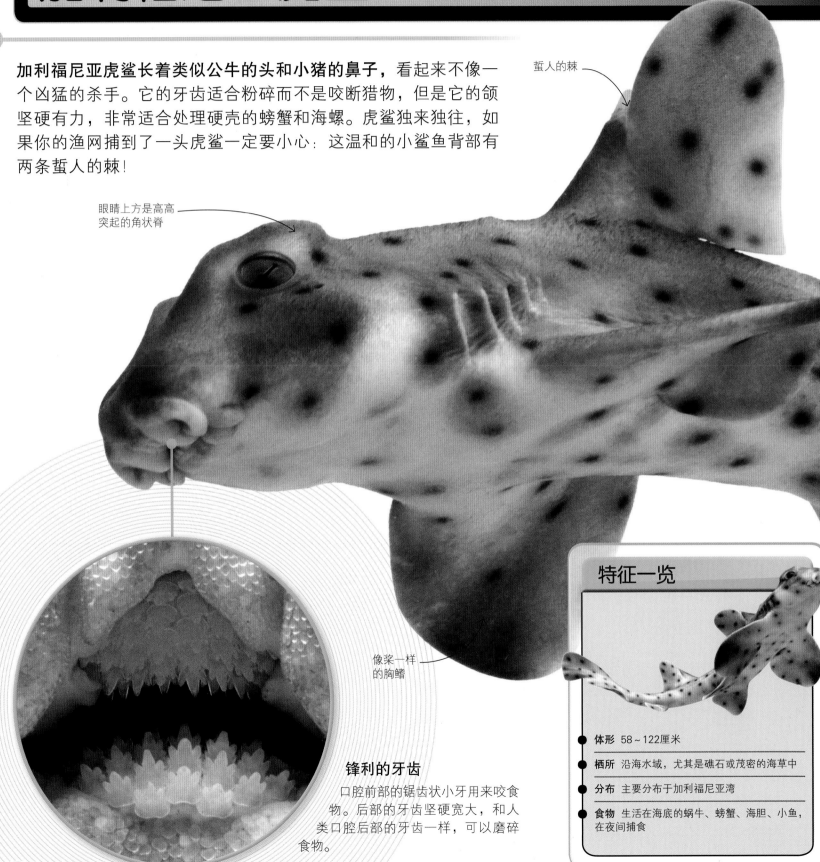

加利福尼亚虎鲨长着类似公牛的头和小猪的鼻子，看起来不像一个凶猛的杀手。它的牙齿适合粉碎而不是咬断猎物，但是它的颌坚硬有力，非常适合处理硬壳的螃蟹和海螺。虎鲨独来独往，如果你的渔网捕到了一头虎鲨一定要小心：这温和的小鲨鱼背部有两条蜇人的棘！

蜇人的棘

眼睛上方是高高突起的角状脊

像桨一样的胸鳍

锋利的牙齿

口腔前部的锯齿状小牙用来咬食物。后部的牙齿坚硬宽大，和人类口腔后部的牙齿一样，可以磨碎食物。

特征一览

- **体形** 58~122厘米
- **栖所** 沿海水域，尤其是礁石或茂密的海草中
- **分布** 主要分布于加利福尼亚湾
- **食物** 生活在海底的蜗牛、螃蟹、海胆、小鱼，在夜间捕食

行进中捕食

身体前部的一对鳍是用来游泳的，但是在浅水中，这对鳍可以像短粗的腿一样在岩石上爬行。

数据与事实

和许多生活在浅水中的鲨鱼一样，虎鲨的身体构造更适合在海底爬行，而不是在开阔海域追逐猎物。

鳍棘长度

厘米		2		4		6		8

3～6厘米

游泳深度

米		3		6		9		12

2～11米

游泳速度

千米/时		1		2		3		4

3.6 千米/时

捕食速度

0.1 秒

蜇人的棘

背鳍

深棕色的斑点图案有助于它在海底进行伪装

"就个头而言，**虎鲨**的**咬合力**在所有鲨鱼中是**最强**的"

卵囊

大多数种类的鲨鱼都直接产下幼鲨，但虎鲨产下的是带有柔软皮质卵囊的卵。为了更好地保护卵，虎鲨妈妈用嘴衔起卵囊，塞进岩石缝隙中——螺旋状的外形可以让它安全地待在那里。几天后，卵囊变硬形成一个保护壳，这可以防止猎食性动物伤害卵。至少要过6个月，小虎鲨才能孵化出来。

尾槽

加利福尼亚虎鲨

世界各地遍布不同种类的虎鲨。大多数虎鲨浅色的皮肤上长着独特的黑色斑点。加利福尼亚虎鲨的皮肤上就长着斑点。

深海魔鬼
鮟鱇鱼

深海广阔无边，漆黑一片，食肉动物有时很难找到猎物。鮟鱇鱼有自己的方法把猎物从黑暗中吸引出来——它身上有一盏发光的小灯，其他的鱼会忍不住游过来一探究竟。如果有哪只特别好奇的小鱼靠近的话，鮟鱇鱼就会张开大嘴咬住它。它长长的尖牙让毫无防备的小鱼无处可逃。

背鳍摆动可以帮助鮟鱇鱼向前游

特征一览

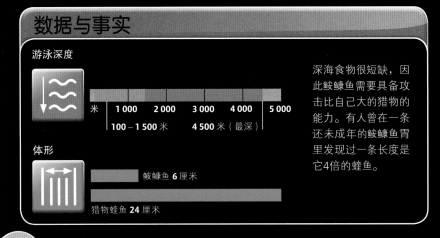

- **体形** 长8～18厘米；雄鱼长2～2.8厘米
- **栖所** 深海，幼鱼生活在靠近海面的地方
- **分布** 世界各海域
- **食物** 鱼和其他深海生物

有弹性的骨骼可以应对深海的压力

数据与事实

游泳深度

米	1 000	2 000	3 000	4 000	5 000

100～1 500 米　　　　4 500 米（最深）

体形

鮟鱇鱼 **6** 厘米

猎物蝰鱼 **24** 厘米

深海食物很短缺，因此鮟鱇鱼需要具备攻击比自己大的猎物的能力。有人曾在一条还未成年的鮟鱇鱼胃里发现过一条长度是它4倍的蝰鱼。

"它圆滚滚的身体在游动时摇来摆去"

寄食者

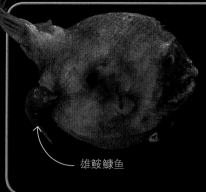

雌鱼也会用灯吸引伴侣。雄鱼不进食，因此它们长不了雌鱼那么大。然而，一旦它们找到了伴侣，就会紧抓对方使其受精。在深海，鮟鱇鱼有些种类的雄鱼甚至会长期附着在雌鱼身上，依靠雌鱼身体提供的营养生存。

↑ 雄鮟鱇鱼

眼睛的瞳孔非常大，这样可以尽可能多地吸收光线

作为诱饵的拟饵体位于长长的吻触手的末端

短短的管道把光导出，好像一个火炬

流入的海水中有许多细菌

生活在其中的细菌会产生光亮

诱"鱼"深入

一盏肉质的"灯笼"（拟饵体）在鮟鱇鱼头部的"钓竿"（吻触手）上摇晃。"灯笼"里有大量来自海水中的细菌，这些细菌利用鮟鱇鱼产生的化学物质发光。

长而略弯的牙齿像野兽的獠牙一样可以刺穿猎物

巨大的下颌可以大大张开以吞下大型猎物

黑色的皮肤没有闪闪发光的鳞片，因此可以吸收发光体的光线，让自己隐身

胃部扩张能装下大型猎物

夜光小姐

这只大嘴巴的鮟鱇鱼是雌性。雄鱼的个头要小很多，而且不会发光。与其他深海鱼类一样，鮟鱇鱼的皮肤是黑色的，这样可以和背景融为一体。

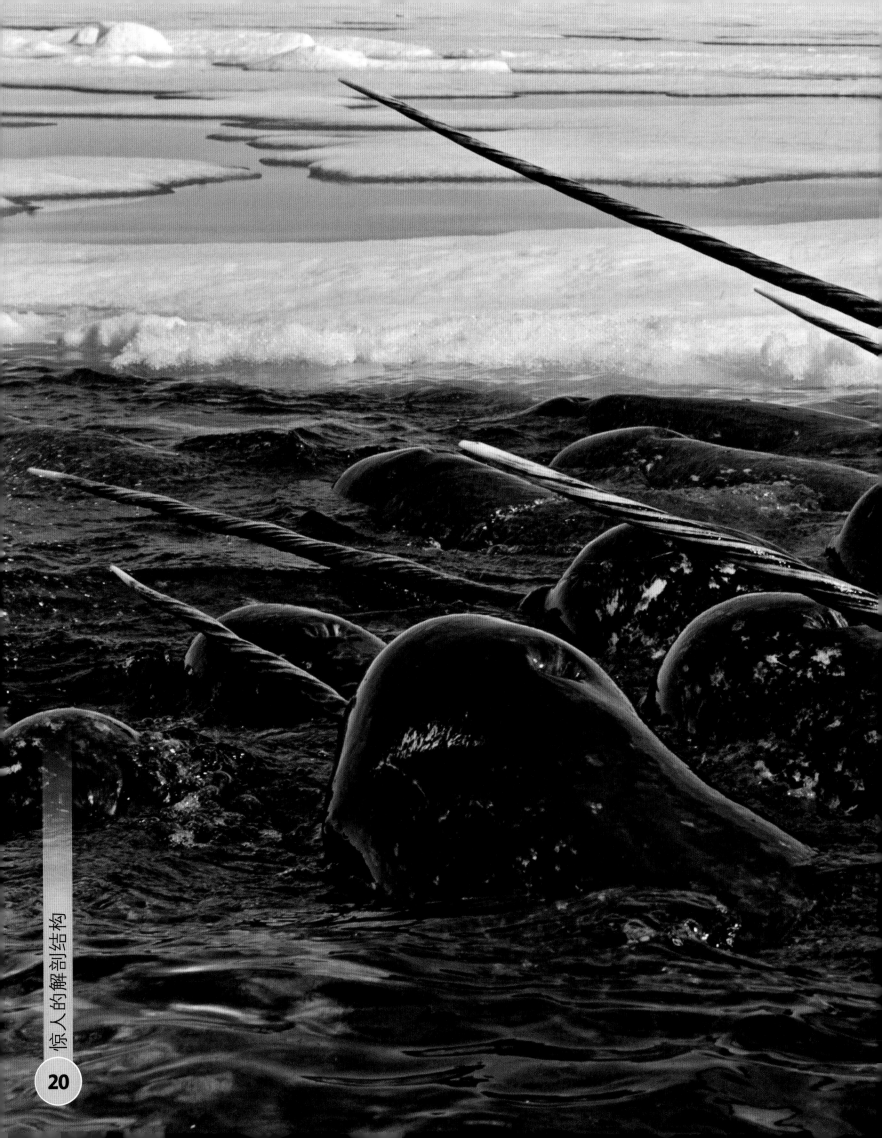

鲸群

和其他鲸类及海豚一样，一角鲸之间也会相互交往，它们成群结队地生活在一起。这样的群体叫"鲸群"。有时候，来自不同小鲸群的几百头一角鲸聚集在一起，形成巨大的鲸群。

海中的独角兽

一角鲸

北极冰冷的水域是奇特的海洋独角兽——一角鲸的家园。它的角其实是一颗穿透了上唇的"犬齿"，另外还有一颗"犬齿"很小，不能咀嚼。因此，一角鲸只能在海底吸食小型猎物。没有人确切知道为什么一角鲸会有长牙。然而雄鲸的牙更长——这说明雄鲸可能会用长牙来吸引异性，有时候人们会看到它们用长牙厮打。

特征一览

- **体形** 长4~6米
- **分布** 主要分布于北冰洋
- **栖所** 冰冷的深海中
- **食物** 鱼、乌贼和虾

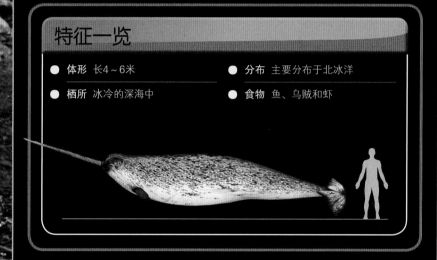

数据与事实

25 分钟
潜水持续时间

最长的长牙长度

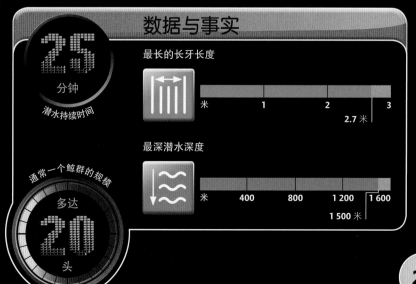

米		1		2		3

2.7 米

最深潜水深度

米		400	800	1 200	1 600

1 500 米

通常一个鲸群的规模
多达
20 头

21

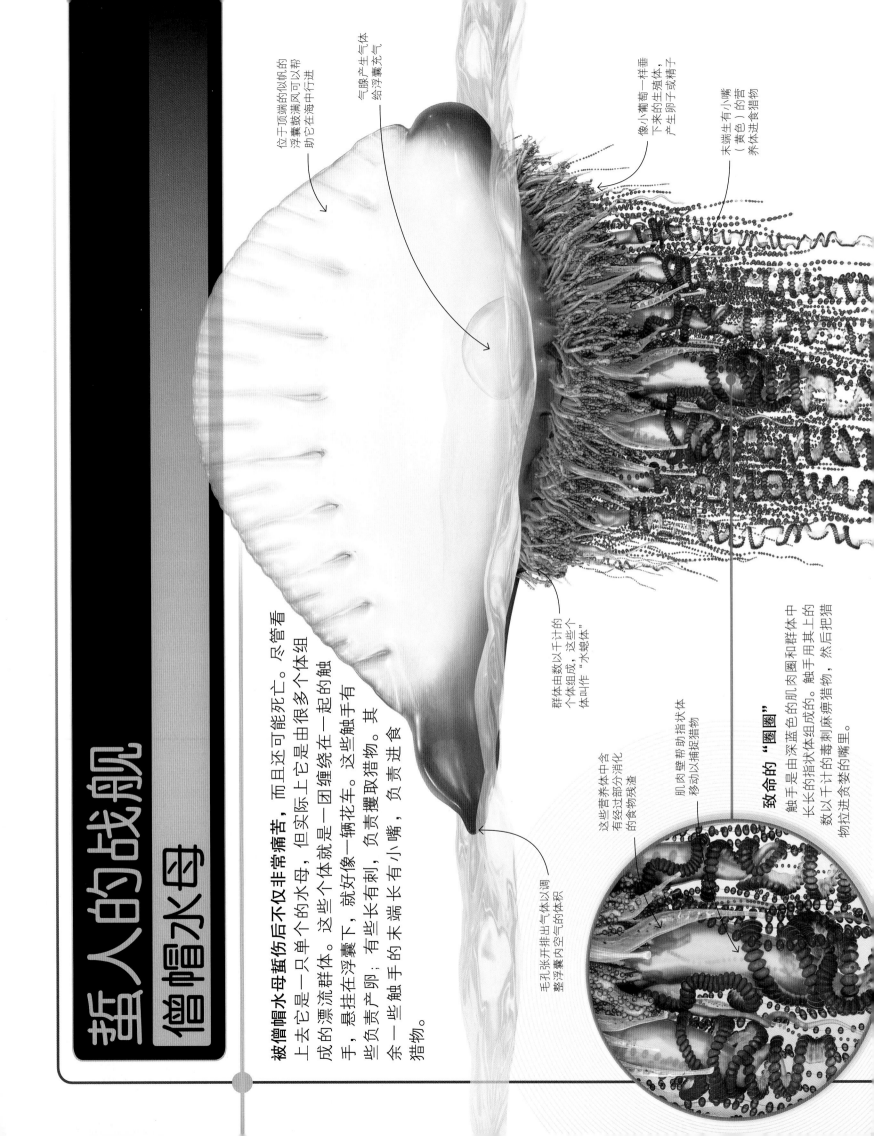

惊人的战舰

僧帽水母

被僧帽水母蜇伤后不仅非常痛苦，而且还可能死亡。尽管看上去是一只单个的水母，但实际上它是由很多个体组成的漂流群体。这些个体就是一团缠绕在一起的触手，悬挂在浮囊下，就好像一辆花车。这些触手有些负责产卵；有些长有刺，负责摄取猎物。其余一些触手的末端长有小嘴，负责进食。

位于顶端的似帆的浮囊鼓满风可以帮助它在海中行进。

气腺产生气体，给浮囊充气。

像小葡一样垂下来的生殖体，产生卵子或精子。

末端生有小嘴（黄色）的营养体进食猎物。

群体由数以千计的个体组成，这些个体叫作"水螅体"

这些营养体中含有经过部分消化的食物残渣

肌肉壁帮助指状体移动以捕捉猎物

毛孔张开排出气体以调整浮囊内空气的体积

致命的"圈圈"

触手是由深蓝色的肌肉圈和群体中长长的指状体组成的。触手用其上的数以千计的毒刺麻痹猎物，然后把猎物拉进贪婪的嘴里。

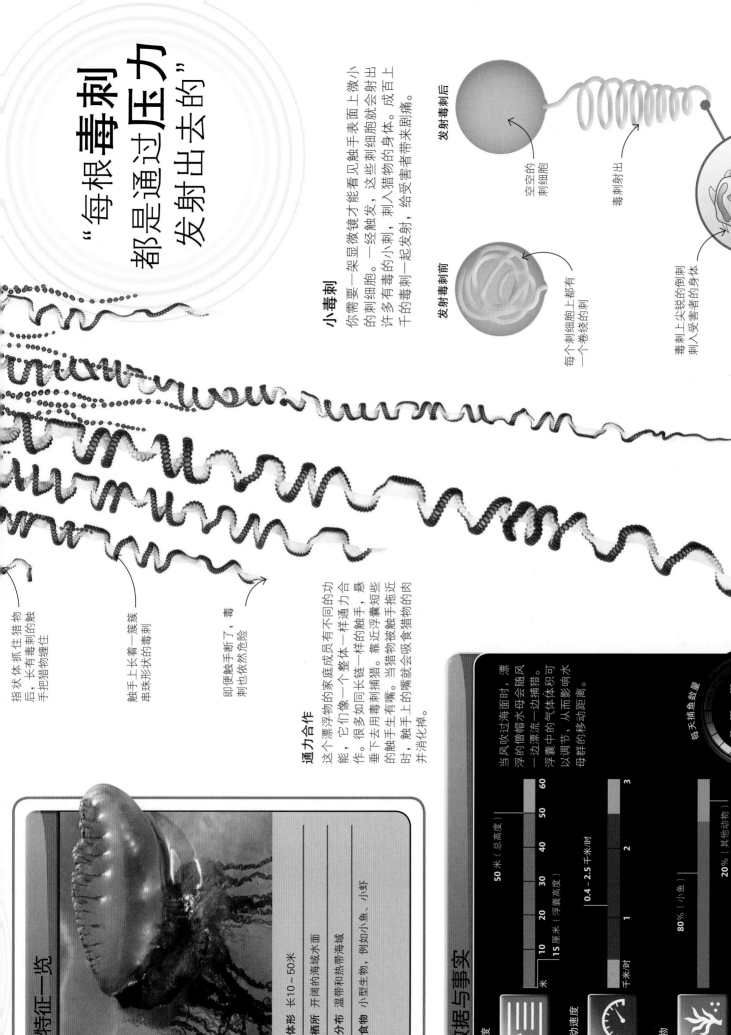

"每根毒刺都是通过压力发射出去的"

小毒刺

你需要一架显微镜才能看见触手表面上微小的刺细胞。一经触发，这些刺细胞就会射出许多有毒的小刺，刺入猎物的身体。成百上千的毒刺一起发射，给受害者带来剧痛。

发射毒刺后

空空的刺细胞

毒刺射出

发射毒刺前

每个刺细胞上都有一个卷绕的刺

毒刺上尖锐的倒钩刺入受害者的身体

捏状体抓住猎物后，长有毒刺的触手把猎物缠住

触手上长着一簇簇串珠形状的毒刺

即便触手断了，毒刺也依然危险

通力合作

这个漂浮动物的家庭成员有不同的功能，它们像一个整体一样通力合作，很多像如同长链一样的触手，悬垂下去用毒刺捕猎。靠近浮囊短些的触手生有嘴。当猎物被触手拖近时，触手上的嘴就会吸食猎物的肉并消化掉。

特征一览

- 体形 长10～50米
- 栖所 开阔的海域水面
- 分布 温带和热带海域
- 食物 小型生物，例如小鱼、小虾

数据与事实

高度

50米（总高度）

15厘米（浮囊高度）

米 10 20 30 40 50 60

移动速度

0.4～2.5千米/时

千米/时 1 2 3

当风吹过海面时，漂浮的僧帽水母会随风一边漂流一边捕猎。浮囊中的气体积可以调节，从而影响水母群的移动距离。

食物

80%（小鱼）

20%（其他动物）

每天捕鱼数量

120 条

隐蔽的杀手

一条随波逐流的须鲨在海床上巧妙地伪装着,它用侧鳍爬到岩石上,在浅水的水面上看上去就是一块烂石头。

长着"流苏"的伏击高手

须鲨

须鲨看上去更像是蓬松的海草而不是鲨鱼。须鲨捕猎的方法堪称完美。它利用自己的伪装,等待猎物靠近,然后抓住猎物。它的流苏样触须像虫子一样,甚至可能引诱一条鱼游进来。这种鲨鱼身体扁平,不太擅长快速追捕,但是当攻击猎物时,须鲨行动毫不迟疑。它能一眨眼的工夫合上嘴巴,即便是最狡猾的猎物,也无法逃脱须鲨锋利的针状牙齿。

特征一览

- **体形** 长1~3.6米
- **栖所** 多礁石的浅海水域和珊瑚礁中
- **分布** 亚洲东部和澳大利亚的热带海域
- **食物** 螃蟹、龙虾、章鱼和底栖鱼类

数据与事实

须鲨敏感的触须在猎物进入可攻击范围内时就能感觉到。一旦出击,须鲨的速度比很多鲨鱼要快得多。

游泳深度

0~50米(通常深度)

米   100   200   300

220米(最深纪录)

食物

12%(章鱼)

82%(硬骨鱼)   6%(其他鲨鱼)

抓住猎物时间

0.02 秒

脱壳的蟹

梭子蟹

大螃蟹在陆地上行动迟缓，因为它们的壳坚硬笨重，但是在水里它们却很灵活。这只螃蟹甚至有桨状步足可以让它在海水中游动。硬壳可以起到保护作用，但是又过于坚硬，不能伸展。因此螃蟹必须丢弃旧壳，换上一个大一些的新壳，这样它们才能长大。

最后一对步足用来游泳

"100 万只蟹宝宝中只有一只能存活下来并长大"

特征一览

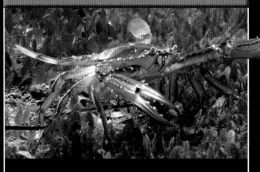

- **体形** 壳的直径17～27厘米
- **栖所** 底部有泥沙的河口和堤坝，逆流而上游入河水中
- **分布** 北美洲西部，墨西哥湾南部到阿根廷沿海，引入欧洲和日本
- **食物** 牡蛎、蛤蜊、蚌、蚯蚓、小鱼虾、海藻和腐肉

蟹钳根部厚厚的肌肉牵动蟹钳张开闭合

数据与事实

壳宽度

9 厘米（雄蟹）

| 厘米 | 2 | 4 | 6 | 8 | 10 |

7.5 厘米（雌蟹）

时间

20 个月（完成蜕壳）

| 月 | 10 | 20 | 30 | 40 | 50 |

48 个月（平均寿命）

600 万粒
单次最多产卵数量

一生换壳次数
多达 **20** 次

每段步足上的肌肉以两块为一组进行活动：一块让步足弯曲，另一块让步足伸展开来

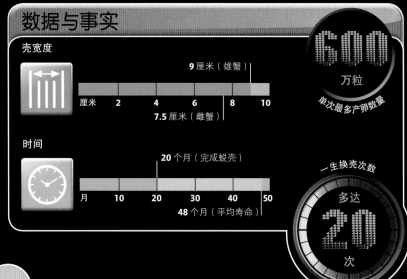

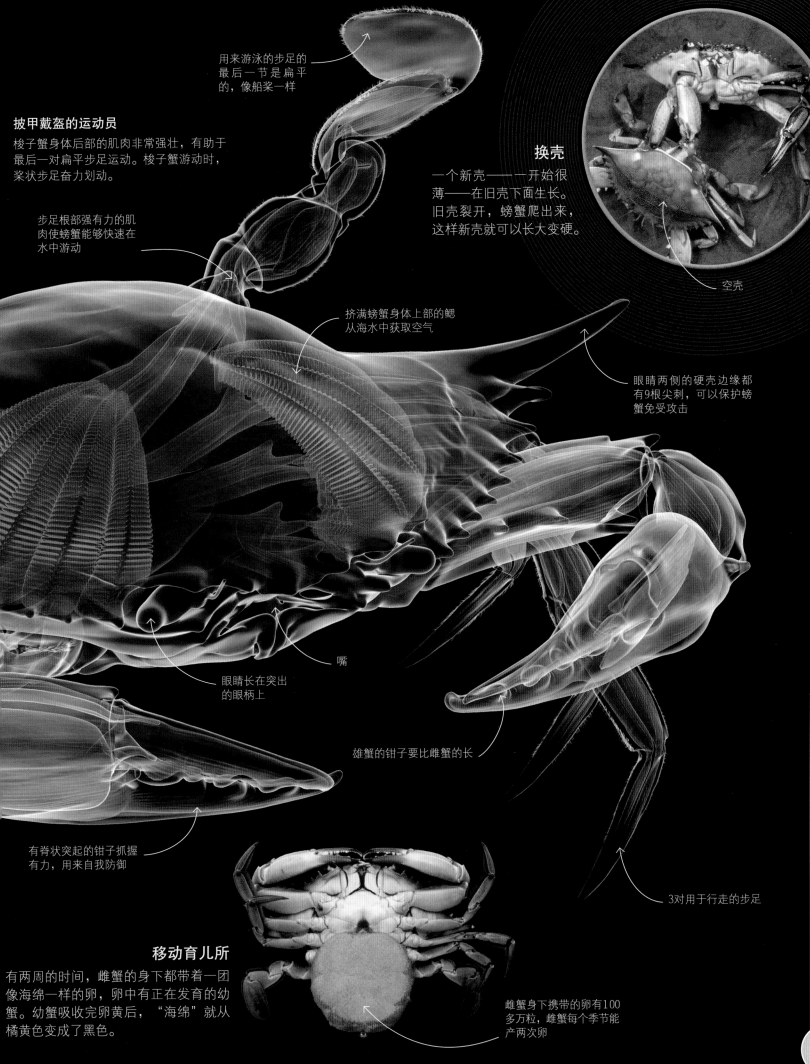

披甲戴盔的运动员

梭子蟹身体后部的肌肉非常强壮，有助于最后一对扁平步足运动。梭子蟹游动时，桨状步足奋力划动。

用来游泳的步足的最后一节是扁平的，像船桨一样

步足根部强有力的肌肉使螃蟹能够快速在水中游动

挤满螃蟹身体上部的鳃从海水中获取空气

换壳

一个新壳——一开始很薄——在旧壳下面生长。旧壳裂开，螃蟹爬出来，这样新壳就可以长大变硬。

空壳

眼睛两侧的硬壳边缘都有9根尖刺，可以保护螃蟹免受攻击

嘴

眼睛长在突出的眼柄上

雄蟹的钳子要比雌蟹的长

有脊状突起的钳子抓握有力，用来自我防御

3对用于行走的步足

移动育儿所

有两周的时间，雌蟹的身下都带着一团像海绵一样的卵，卵中有正在发育的幼蟹。幼蟹吸收完卵黄后，"海绵"就从橘黄色变成了黑色。

雌蟹身下携带的卵有100多万粒，雌蟹每个季节能产两次卵

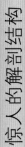

一张小嘴

海马的嘴就好像小喇叭的末端。海马的嘴不能咀嚼,只能吸食浮游生物中的微生物。对于巴氏豆丁海马而言,即使这些微小的生物也是一顿大餐。

微型伪装者

巴氏豆丁海马

生活在到处都是行动敏捷的捕猎高手的暗礁中，行动迟缓是个大问题，尤其是你还那么小，小到谁都能一口吞下。海马是小型鱼类中行动最迟缓的，但幸运的是它们是伪装高手。这些小型的豆丁海马——比你的小拇指还要小——颜色有粉色、白色和红色，与珊瑚混为一体。它们圈状的尾巴紧紧缠住珊瑚枝，以防海浪突然冲过来时把它们带到危险的开阔海域。

特征一览

- **体形** 长1.4～2.7厘米（从尾巴尖到鼻子尖）
- **栖所** 热带珊瑚礁中，隐藏在珊瑚枝中
- **分布** 中西太平洋地区，包括日本，印度尼西亚南部沿海，澳大利亚北部和新喀里多尼亚
- **食物** 微型甲壳类动物

数据与事实

大部分雄海马都有育儿袋用来孵化小海马，但是对巴氏豆丁海马而言，腹部的一条裂缝就足够了。

孵化时间

11～14 天（体内）

| 天 | 5 | 10 | 15 |

游泳深度

| 米 | 30 | 60 | 90 | 120 |

11～90 米

每次孵化数量

多达
34
只

吞咽海水的家伙

绒毛鲨

这种小鲨鱼身上的条纹让它和周围浓密的褐藻融为一体，这可以让它躲开觅食的大鲨鱼。如果受到威胁，它还有别的办法保护自己。它会把海水吸进胃里，让自己的身体变大。它甚至会用嘴咬住自己的尾巴，让身体弯成一个U形，这样敌人就很难把它从岩石的裂缝里拖出去了。

秘密行动的鲨鱼

绒毛鲨藏在岩石和海藻中。在那里它们可以伏击小型猎物，还可以躲开敌人。它们游上海面时甚至会施展"膨胀把戏"，通过吸入空气而非海水使自己的身体膨胀变大。

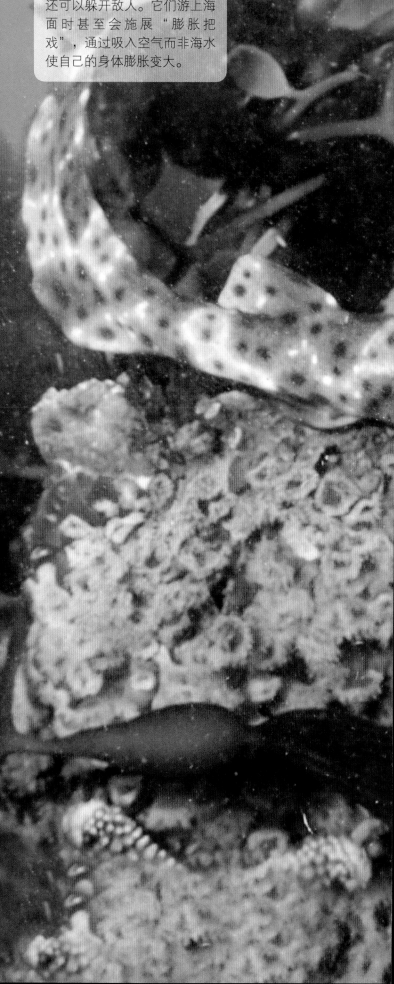

特征一览

- **体形** 长0.8~1.1米
- **分布** 东太平洋，美国加利福尼亚州的海湾，墨西哥南部及智利中部海域
- **栖所** 通常栖息在表面覆盖着厚厚的海藻或其他水草的浅水中
- **食物** 鱼、虾、蟹和蜗牛

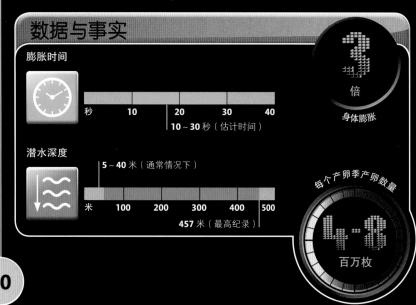

膨胀的身体

数据与事实

膨胀时间

秒	10	20	30	40

10~30秒（估计时间）

2
倍
身体膨胀

潜水深度

5~40米（通常情况下）

米	100	200	300	400	500

457米（最高纪录）

每个产卵季产卵数量

4~8
百万枚

"绒毛鲨在**释放气体**时会发出**犬吠一样**的**声音**"

惊人的解剖结构

长有尖刺的捕食者
狮子鱼

狮子鱼绕着海洋中的暗礁游来游去时有充足的理由感到自信。铅笔一样的长棘从它的身体表面朝各个方向伸出来，其中很多长棘尖锐而且有毒。狮子鱼是顶尖的捕猎高手，只要它那张大嘴里能装下的猎物它都吃。如果胃里空间不够的话，它的胃会膨胀得很大，然后把尽可能多的猎物都塞进去。

有毒的棘用来
自我保护

有毒的棘

每根棘上有两个凹槽，凹槽中几乎都有毒液。如果某人被刺到，疼痛能够持续数天。被刺到的受害者会大量出汗，甚至可能肢体麻木。

刺人的入侵者

狮子鱼身上鲜艳的条纹是危险的警告。狮子鱼在水族馆中很受欢迎，但是如果放到大海里，它们会危害当地的野生生物。

特征一览

- **体形** 20～38厘米
- **栖所** 珊瑚礁，岩石露出部分，潟湖和浑水中
- **分布** 从印度洋到太平洋中部的热带海域，其他地区有引进（例如加勒比海地区）
- **食物** 鱼、蟹、虾、海螺及其他海洋动物

"胡须"打破嘴的轮廓，以迷惑近距离的猎物

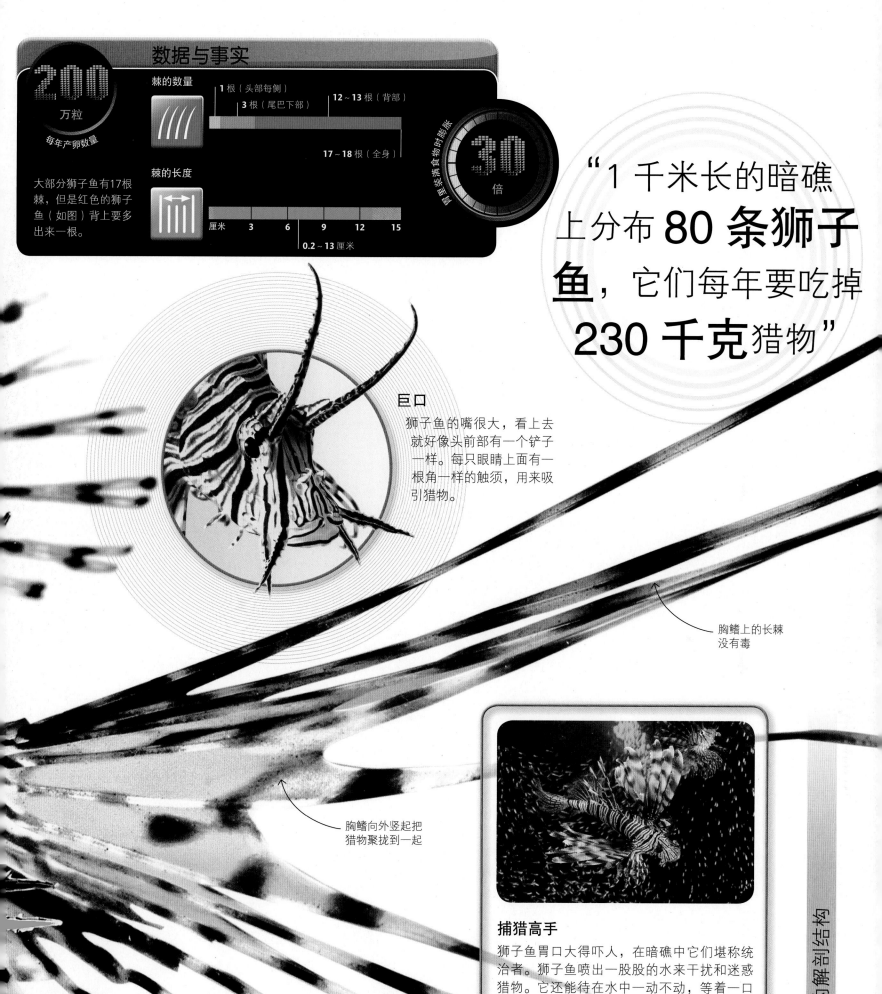

数据与事实

200
万粒
每年产卵数量

大部分狮子鱼有17根棘,但是红色的狮子鱼(如图)背上要多出来一根。

棘的数量
1 根(头部每侧)
3 根(尾巴下部)
12~13 根(背部)
17~18 根(全身)

棘的长度
厘米 3 6 9 12 15
0.2~13 厘米

30 倍
胃里装满食物时膨胀

"1 千米长的暗礁上分布 **80 条狮子鱼**,它们每年要吃掉 **230 千克** 猎物"

巨口
狮子鱼的嘴很大,看上去就好像头前部有一个铲子一样。每只眼睛上面有一根角一样的触须,用来吸引猎物。

胸鳍上的长棘没有毒

胸鳍向外竖起把猎物聚拢到一起

捕猎高手
狮子鱼胃口大得吓人,在暗礁中它们堪称统治者。狮子鱼喷出一股股的水来干扰和迷惑猎物。它还能待在水中一动不动,等着一口吞下猎物。有些种类的狮子鱼会合作捕猎,把它们的鳍伸出来围住美味的鱼群,甚至会轮流进攻。它们繁殖速度很快,每条鱼每次可产卵3万粒。

惊人的解剖结构

33

奇特的无色血液

冰鱼

能在南大洋的深海里生存的鱼很特别，因为那里的温度刚刚超过0℃。冰鱼不仅体内有防冻剂，它也是唯一一种具有无色血液的脊椎动物。其他所有的脊椎动物都需要红细胞输送氧气，但是冰冷的南大洋海水含氧量极高，因此冰鱼不需要红细胞来输送氧气。

特征一览

- **体形** 25～72厘米
- **栖所** 冰冷的南大洋海底
- **分布** 南极洲和南美洲南部海域
- **食物** 其他鱼、虾和蟹

长吻里长满了锋利的牙齿以利于捕捉猎物

巨大的心脏可以把多余的氧气输送到全身

没有血液的红色，肌肉看上去是白色的

只有充满食物的消化系统有颜色

白色的幼鱼

这条幼冰鱼的身体看上去好像玻璃制成的一样。在冰冷的水中，要想把血液输送到全身各处非常困难，因为大量的红细胞使血液很黏稠，但是冰鱼根本就没有红细胞。透过透明的皮肤，可以看到它的骨头、肌肉和器官都是白色的。

数据与事实

栖息地温度

℃	-2	0	2	4

−1.9℃～1.5℃

淡水在0℃结冰，但是在冰鱼生活的冰冷的海水中，因为有盐分，所以即便海水没有结冰，温度也要低得多。

游泳深度

米	500	1 000	1 500	2 000

700～1 500米

成熟期

4-8 岁

"一条冰鱼体内的血液总量是同等大小的血液中有红细胞的鱼的**4倍**"

海中之翼
扁鲨

扁鲨有天使般的"翅膀"，泳姿优雅，但是它的脾气却很坏。白天，扁鲨待在海底，巧妙伪装，用尖针一样的牙齿闪电般出击。如果你不小心踩到一条扁鲨，你就会知道为什么它的绰号叫"沙中魔鬼"。

特征一览

- **体形** 长0.35~2米
- **栖所** 大部分栖息在靠近海岸的浅水中
- **分布** 世界各海域，主要分布在热带和温带海域
- **食物** 小鱼、鱿鱼、章鱼、蜗牛和蛤蜊

扁平的头顶上长着小小的眼睛

身体的上表面有5个鳃裂

拍打巨大的胸鳍以帮助游动

数据与事实

"翅膀"宽度

厘米	50	100	150

15~100厘米

平均游泳速度

千米/时	1	2	3	4	5

4千米/时

进攻距离

厘米	10	20

15厘米

攻击猎物时间

01

秒

扁鲨游不快，因此它们更喜欢伏击猎物。它的眼睛朝上，能看到视野范围内的任何东西，然后张开大嘴吃掉猎物。

死亡天使

到了夜晚，扁鲨从泥沙中游出来，在海底巡游觅食。它们的"翅膀"其实就是从身体两侧延伸出来的胸鳍，这使它们看起来更像鳐。

和其他鲨鱼不同的是，扁鲨的尾鳍下叶比上叶大

两个小背鳍中的第一个长在身体后部

惊人的解剖结构

热血杀手
大白鲨

大白鲨是最为臭名昭著的杀手之一。一头饥饿的大白鲨就是一个敏捷的猎人。它格外偏好温血动物的肉，常常以哺乳动物为猎食对象，例如海豹或海豚。它的速度之所以这么快，是因为特殊的条状肌肉可以供给自身热量，而其血管系统可以巧妙地把热量留在体内。

致命刀锋

大白鲨三角形的牙齿大而锋利。较为狭窄的下牙可以咬住猎物，而边缘呈锯齿状的上牙可以割开猎物的肉。

特征一览

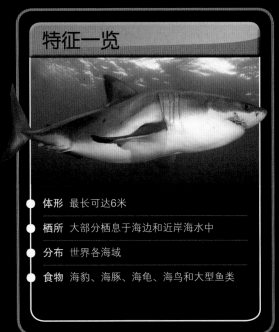

- **体形** 最长可达6米
- **栖所** 大部分栖息于海边和近岸海水中
- **分布** 世界各海域
- **食物** 海豹、海豚、海龟、海鸟和大型鱼类

灵敏的鼻子可以探测到猎物发出的电活动

数据与事实

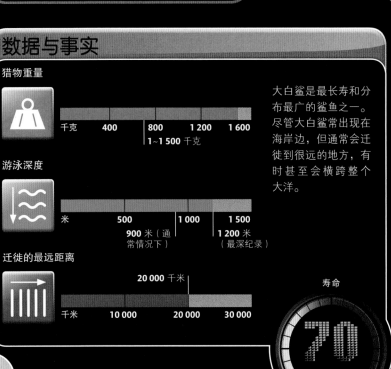

猎物重量

千克	400	800	1 200	1 600

1～1 500 千克

游泳深度

米	500	1 000	1 500

900 米（通常情况下）　1 200 米（最深纪录）

迁徙的最远距离

20 000 千米

千米	10 000	20 000	30 000

大白鲨是最长寿和分布最广的鲨鱼之一。尽管大白鲨常出现在海岸边，但通常会迁徙到很远的地方，有时甚至会横跨整个大洋。

寿命

70 年

前排牙齿的后面还有一排替代牙齿，可以替换任何一颗坏掉的牙齿

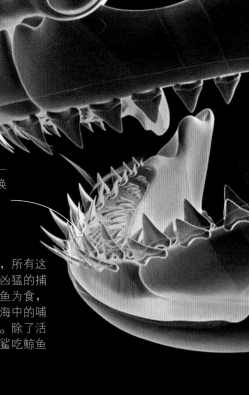

顶级猎手

个头、速度和强有力的下颌，所有这些使得大白鲨成为现存的最凶猛的捕食者。大白鲨小时候以其他鱼为食，但是大一些的成年鲨会猎捕海中的哺乳动物，有时候会攻击人类。除了活的猎物，也有人看到过大白鲨吃鲸鱼的尸体。

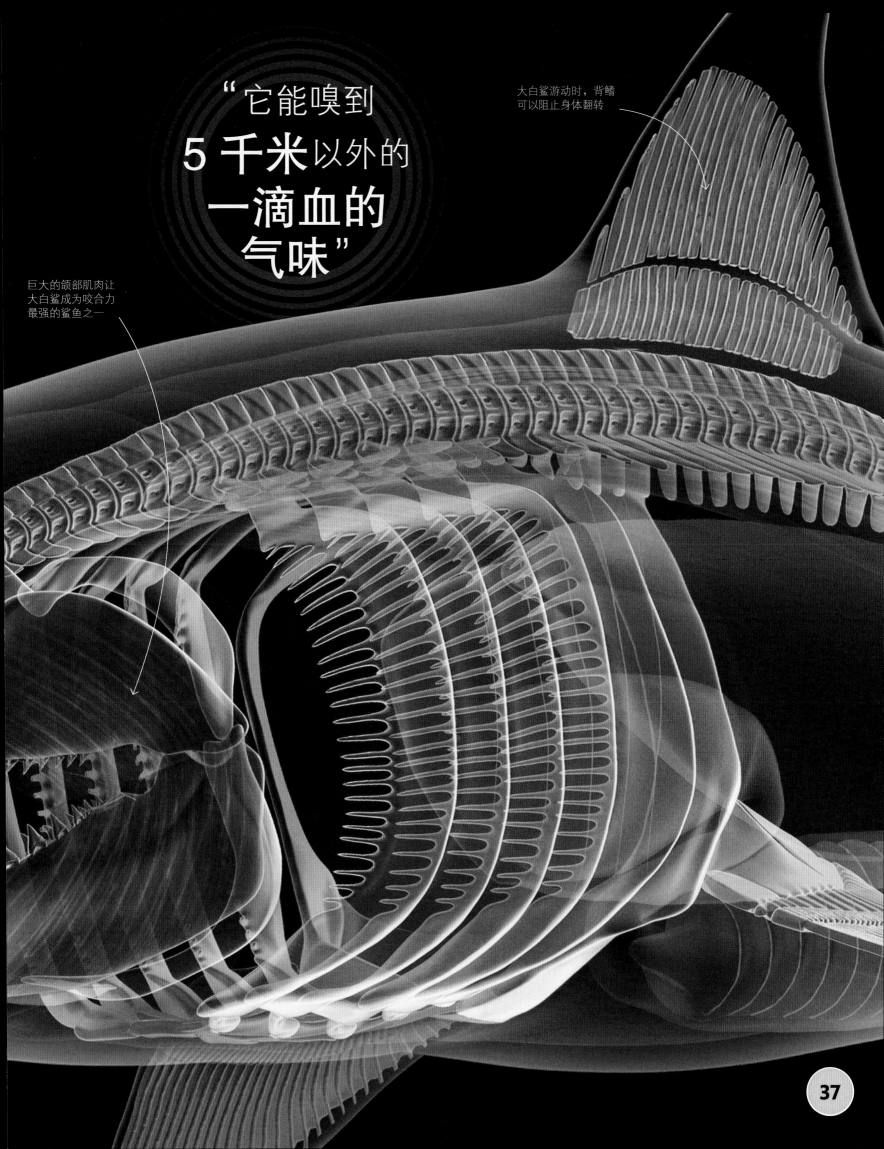

"它能嗅到 **5 千米**以外的 **一滴血的 气味**"

大白鲨游动时，背鳍可以阻止身体翻转

巨大的颌部肌肉让大白鲨成为咬合力最强的鲨鱼之一

跃出海面的血盆大口

对于一条饥饿的大白鲨而言，一只肥海豹可以让它饱食一顿，这也是它们在海豹群周围游来游去的原因。大白鲨从海豹下方向上发起攻击，速度如此之快，以至于它在用自己可怕的大嘴咬住猎物时可以冲到半空中。海豹严重受伤后，大白鲨还会咬住它的头或脖颈让它很快丧命，然后大白鲨会把海豹尸体拖入水下吃掉。

"大白鲨能**跃出**水面高达**3米**"

巨唇软体动物

砗磲

"一只砗磲一生
产卵多达
60 亿粒"

大部分蛤不过茶匙大小，但是这个"巨人"有浴缸那么大。它的重量是两头幼象之和，其中壳占了大部分体重。它生活在浅水处的礁石中，和小蛤等双壳类动物一样有两片壳，两片壳的底部连接在一起。强壮的肌肉可以让两片壳开合。当砗磲的壳敞开时，它的肉体便可以享受到热带温暖的阳光。太阳光能给砗磲成长提供所需的大部分能量。

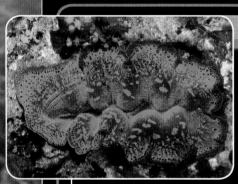

特征一览

- **体形** 最长可达1.2米
- **栖所** 较浅的大洋中
- **分布** 主要分布于印度洋–西太平洋热带海域
- **食物** 浮游生物和由共生的海藻提供的食物

数据与事实

卵

0.1 毫米长

毫米	0.1	0.2
	12 小时（孵化时间）	

| 小时 | 8 | 12 | 16 |

砗磲的卵孵化成幼体后，在水里漂浮一周左右，然后沉入海底。

寿命

100 年（最长）

| 年 | 50 | 100 | 150 |

70 年（平均寿命）

每次产卵数量

5

亿粒

**最大的贝壳类
软体动物**

食物来源

砗磲从浮游生物中获得部分食物，其余由生活在它们体内的利用太阳能制造食物的微型海藻提供——海藻和砗磲共享这些食物。

惊人的解剖结构

多刺的特质
河鲀

河鲀受到威胁时，身体会像气球一样鼓起来。它吞咽海水让自己鼓起来，通常这样就可以吓走很多敌人。但是它还有其他保护自己的本领——河鲀的皮肤表面布满刺，当它的身体完全膨胀时，这些刺就会竖起来，这样即便是最饥饿的食肉动物也无法吞下它。

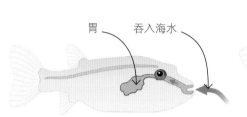

胃　　　吞入海水

正常状态

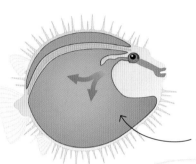

胃里充满了水，膨胀成有弹性的体腔

充水状态

膨胀起来了
河鲀膨胀身体的把戏是通过吞咽大量海水做到的。它的胃壁是折叠的，当胃充满水后可以扩展开来。河鲀的皮肤也非常有弹性。

> "河鲀的**致命毒素**主要集中在**血液**和**器官**中"

特征一览

- **体形** 长15～50厘米
- **栖所** 布满礁石的浅水区域，珊瑚礁，红树林和海草丛中
- **分布** 主要分布于热带海域
- **食物** 蜗牛、海胆、螃蟹，主要在夜间捕食

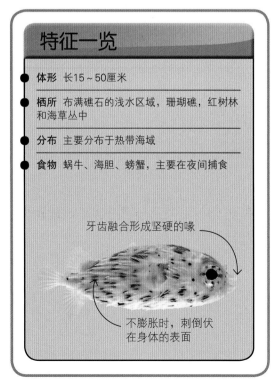

牙齿融合形成坚硬的喙

不膨胀时，刺倒伏在身体的表面

数据与事实

胃容量

毫升　　100　　200　　300
3毫升（膨胀前）　　**270**毫升（膨胀后）

游泳深度

米　　10　　20　　30　　40
2～35米

成年河鲀常常潜藏在海底，如果它游到开阔海域，很容易受到敌人攻击。

皮肤厚而有弹性

膨胀所需时间

10
秒

膨胀时刺
会竖起来

黄色的表皮
上长有斑点

胃膨胀起来，海水充满
了身体的大部分空间

一口吞不下

大部分种类的河鲀没有刺，但它们膨胀起来后，身体仍然可以达到原来的两倍。捕食者往往无法吞下河鲀膨胀的身体，因此会很快放弃，转身离去。只有最执着的猎手，例如这条狗母鱼，才有可能吞下它。

用尖刺自我保护

这种身上长满尖刺的河鲀有时被称为"刺鲀"，是最大的河鲀种类之一，但它们依然通过膨胀身体来御敌。它们正常游动的时候刺是倒伏的，但是身体膨胀时刺就会竖起来。

安全港

河鲀的幼鱼靠隐藏躲过大型捕猎者。它们身上的深色斑块，可以帮助它们隐蔽在海藻中，但是这条河鲀选择了一个桶状海绵。

弹出式捕食者

矶沙蚕

蠕虫常常沦为饥饿的鱼的食物，但是这只蠕虫打破了这一规则。它能长到一辆汽车那样长，但是它身体的大部分都藏在沙子下面，只有巨大的头露在外面。要是有鱼游过来靠近的话，矶沙蚕就会出击，用锯齿状的颚疯狂撕咬，它能把鱼小小的身体一分为二。它甚至还能释放出毒素，使大的猎物昏倒，从而束手就擒。

特征一览

- **体形** 1~3米
- **栖所** 热带海洋的礁石上、岩石下、石缝中以及淤泥和沙子中
- **分布** 印度洋和西太平洋
- **食物** 虾、虫子、鱼、海藻和动物的死尸，夜间觅食

数据与事实

颚宽度

厘米	2	4	6

5厘米（平均）

6?3

节

最多的体节数量

洞穴之外的身体长度

厘米	5	10	15	20	25	30

约20厘米

矶沙蚕通过头上的触须来感知猎物，然后迅猛出击。

攻击所需时间

		0.5秒	
秒	0.2	0.4	0.6

触须数量

5

根

最强咬合力的蠕虫

剪刀一样锋利的颚

矶沙蚕的进食器官称为"咽头"，构造非常复杂，其末端是锋利的颚。剪刀一样的颚咬合力惊人，能轻易将猎物咬断，甚至能咬破人的手指。

"矶沙蚕
有 **5 对**行动
迅猛的**颚**"

"这条**凶猛**的鲨鱼在觅食时常常**尾随船只**"

长鳍霸王

长鳍真鲨喜欢单独行动，但是它们会聚集到一起疯狂捕杀猎物。为了得到更多食物，它们会欺负其他鲨鱼。长鳍真鲨还会尾随海豚和领航鲸，抢夺它们的猎物。

出色的鳍
长鳍真鲨

长鳍真鲨喜欢在温暖的热带海洋水面下巡游，长长的桨一样的鳍向外伸展开来。尽管它喜欢安静的生活，但是它会捕食游得最快的海鱼，包括金枪鱼和鲭鱼。它游动时嘴巴张得很大，有猎物游近时它就会用嘴咬住它们。

特征一览

- **体形** 长3~4米
- **栖所** 温暖的开阔海域，通常在海面附近
- **分布** 热带和亚热带海域
- **食物** 以鱼类和乌贼为主，有时有海鸟、海洋哺乳动物和人类产生的垃圾

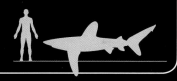

数据与事实

就与身体的比例而言，这种鲨鱼的背鳍和胸鳍比其他很多种类的鲨鱼都要大。

胸鳍长度

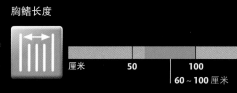

厘米　　50　　100　　150

60~100厘米

背鳍高度

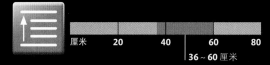

厘米　20　40　60　80

36~60厘米

最大重量

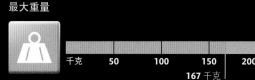

千克　　50　100　150　200

167千克

最长寿命

22

年

47

神枪手
鸡心螺

鸡心螺通过一根管子品尝海水来感知猎物

一只行动缓慢的海螺需有秘密武器才能捕捉到鱼。鸡心螺是最危险的螺类动物之一。鸡心螺和自己那些素食近亲一样，只有一只软足，因此行动迟缓，追不上猎物。然而，在鱼靠近时，它会伸出肉质喙，喙的顶端可以向猎物射出毒镖。毒素会让鱼麻痹，这样鸡心螺就可以将鱼整条吞下了。

- **体形** 外壳长1～22厘米
- **栖所** 近岸海域，常常藏在沙子里
- **分布** 温带和热带海域
- **食物** 鱼、蠕虫和其他螺类

"鸡心螺一次能补充 **20** **根新的叉状毒刺**"

致命毒刺

鸡心螺等待猎物靠近，然后射出毒刺。它也会将毒刺射向一个漫不经心的人的手，有时毒刺会给伤者带来致命的后果。

数据与事实

捕猎时间

| 0.25 秒（毒刺射中猎物） | | 10 秒（吞下猎物） |

秒　　2 秒（猎物麻痹）　5　　10　　15　12.25 秒（总时间）

1-2 小时
消化猎物所需时间

发射毒刺速度

米/秒　　0.5　　1
0.6 米/秒

毒刺的数量

200 根

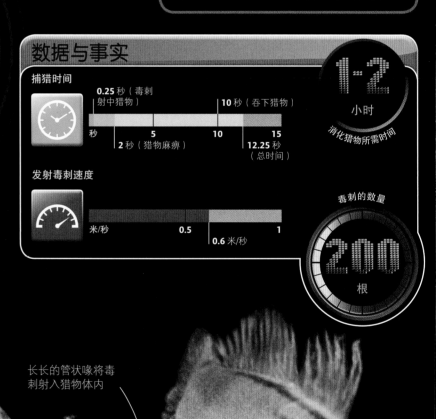

光滑的圆锥形壳上有彩色的花纹

长长的管状喙将毒刺射入猎物体内

海洋吸血鬼

七鳃鳗

七鳃鳗嗜血如命，但它没有颌所以不能咬食。然而，它有一张吸盘一样的嘴，嘴里的牙齿可以锉破鱼的身体。它早期生活在河水中，外形类似蠕虫，微小而无害。幼年的七鳃鳗靠滤食浮游生物为生，然后会游入大海成为捕食者。

口腔边缘的角质齿

"舌头"上也长有锋利的牙齿

无颌的咽喉

七鳃鳗会攻击任何能承担它重量的猎物。它将牙齿钩在鱼身体的侧面，然后用嘴锉破鱼的身体直到流出血来。在鱼游动时，它会吞食掉落的鱼鳞。

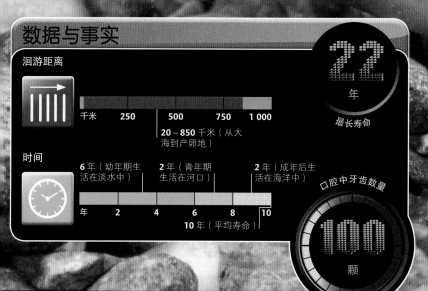

数据与事实

洄游距离

千米	250	500	750	1 000

20～850千米（从大海到产卵地）

时间

6年（幼年期生活在淡水中）　2年（青年期生活在河口）　2年（成年后生活在海洋中）

年	2	4	6	8	10

10年（平均寿命）

22
年
最长寿命

100
颗
口腔中牙齿数量

长斑点和毒刺的鱼
蓝斑条尾魟

热带鱼的蓝色斑点可以吸引眼球，但是蓝斑条尾魟的蓝色斑点却是为了伪装自己。当蓝斑条尾魟在礁石底部静止不动时，身上的斑点使得它在闪烁的阳光下很难被发现。它耐心地等待美味爬过，这样它就可以用它煎饼形状的身体把猎物闷死吃掉。但是如果谁踩到了它尾巴上的刺，那疼痛会非常剧烈。

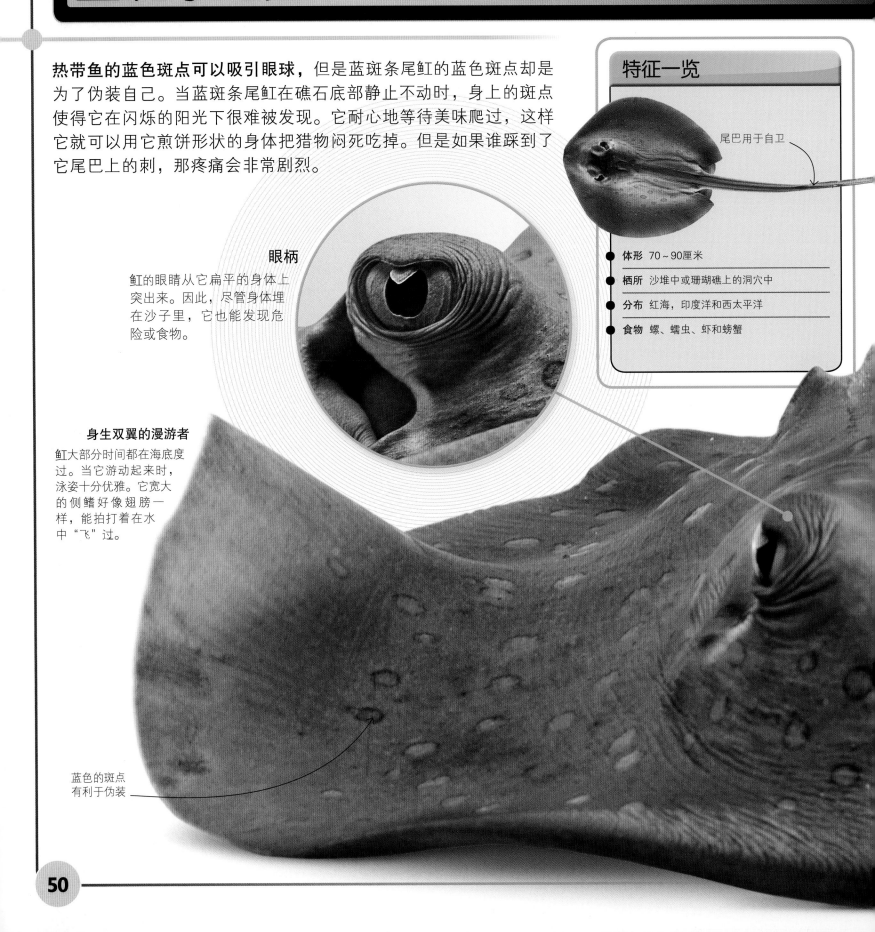

特征一览

尾巴用于自卫

- 体形 70~90厘米
- 栖所 沙堆中或珊瑚礁上的洞穴中
- 分布 红海，印度洋和西太平洋
- 食物 螺、蠕虫、虾和螃蟹

眼柄

魟的眼睛从它扁平的身体上突出来。因此，尽管身体埋在沙子里，它也能发现危险或食物。

身生双翼的漫游者

魟大部分时间都在海底度过。当它游动起来时，泳姿十分优雅。它宽大的侧鳍好像翅膀一样，能拍打着在水中"飞"过。

蓝色的斑点
有利于伪装

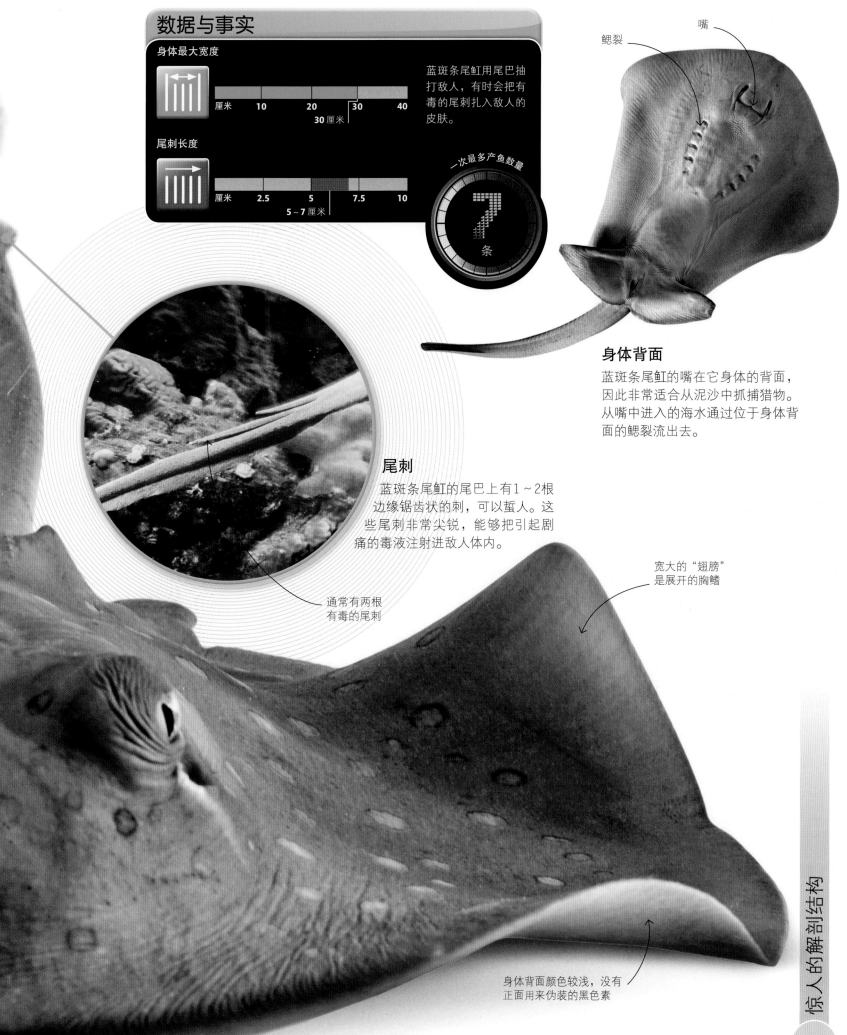

数据与事实

身体最大宽度

厘米	10	20	30	40

30厘米

尾刺长度

厘米	2.5	5	7.5	10

5~7厘米

一次最多产鱼数量

7

条

蓝斑条尾魟用尾巴抽打敌人，有时会把有毒的尾刺扎入敌人的皮肤。

鳃裂

嘴

身体背面

蓝斑条尾魟的嘴在它身体的背面，因此非常适合从泥沙中抓捕猎物。从嘴中进入的海水通过位于身体背面的鳃裂流出去。

尾刺

蓝斑条尾魟的尾巴上有1~2根边缘锯齿状的刺，可以蜇人。这些尾刺非常尖锐，能够把引起剧痛的毒液注射进敌人体内。

通常有两根有毒的尾刺

宽大的"翅膀"是展开的胸鳍

身体背面颜色较浅，没有正面用来伪装的黑色素

活生生的奇迹

红唇蝙蝠鱼

很多人并不知道为什么红唇蝙蝠鱼脸上像化了浓妆一样，但是对于它怎样捕猎却一清二楚。蝙蝠鱼前额的"独角"下面藏着一根粗短的"钓鱼竿"。当"钓鱼竿"伸出去时，它的顶端会向水中释放一种香味来诱惑猎物。尽管它会游泳，但是大部分时间都用硬化的像腿一样的鳍在海底"行走"。

特征一览

- **体形** 长14～20厘米
- **栖所** 热带沿海水域的沙子中或多沙的海底
- **分布** 东太平洋的科科斯群岛和加拉帕戈斯群岛
- **食物** 小的螺、蛤蜊、虾、蠕虫和鱼

数据与事实

深度

| 米 | 60 | 120 | 180 |

3～146米

速度

20 千米/时（游动速度）

| 千米/时 | 5 | 10 | 15 | 20 | 25 |

2 千米/时（"步行"速度）

喙长度

| 厘米 | 0.5 | 1 | 1.5 | 2 |

1厘米

蝙蝠鱼之所以叫这个名字，是因为它缓慢行进的样子很像一只蝙蝠在地面上爬行。蝙蝠鱼在靠近海底的地方游动。一旦定居海底，它在泥沙间爬行的棕色身体就是很好的掩护。

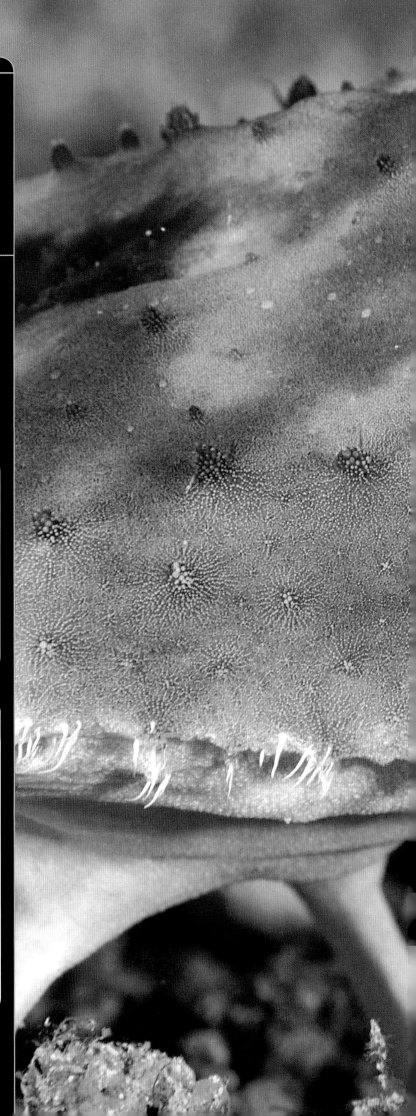

小丑一样的脸

厚厚的红唇、硬毛胡须、独角，这些构成了一幅非常奇异的海底动物的肖像，但这可能有助于吸引异性。红唇蝙蝠鱼游得太慢，无法追逐猎物，它只能等着猎物靠近。

致命巨星
海星

海星看上去温和无害，但它们有一个秘密——它们是行动迟缓的捕食者。几乎一动不动的贻贝是它们绝好的猎物。海星用腕拉开贻贝的壳，将自己的胃插入壳内，活生生地消化掉猎物。如果因为受伤而掉了一只腕，海星也丝毫不会在意，因为它很容易再长出一只新的来。

贪吃的海星

海星的嘴位于身体下面。它进食时会把胃翻出体外推到猎物身上，分泌化学物质，消化猎物的身体，然后海星会吸收猎物被消化后形成的汁液。

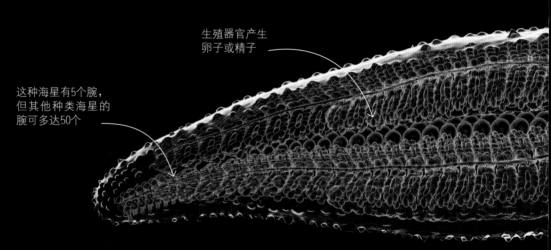

生殖器官产生卵子或精子

这种海星有5个腕，但其他种类海星的腕可多达50个

特征一览

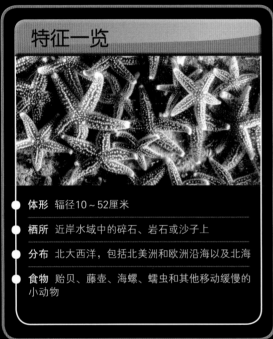

- **体形** 辐径10~52厘米
- **栖所** 近岸水域中的碎石、岩石或沙子上
- **分布** 北大西洋，包括北美洲和欧洲沿海以及北海
- **食物** 贻贝、藤壶、海螺、蠕虫和其他移动缓慢的小动物

数据与事实

行走速度

厘米/分	10	20	30	40

30 厘米/分

250
万粒

每次产卵数量

时间

6~9小时（打开贻贝）

小时	2	4	6	8	10

小时	2	4	6	8	10

3~8小时（消化贻贝）

胃延伸距离

厘米	1	2	3	4	5

2~4厘米

海星用好几个小时的时间打开贻贝的壳，直到对方筋疲力尽，然后海星把自己的胃从贻贝壳最小的缝隙里塞进去。

腕再生时间

1
年

腕的内部

每个腕内都有消化腺用来消化，此外还有一个充满海水的水管系统。海水带来营养物质并带来压力，可帮助小小的管足移动。

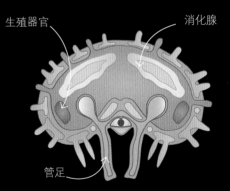

生殖器官　　消化腺

管足

腕的横截面

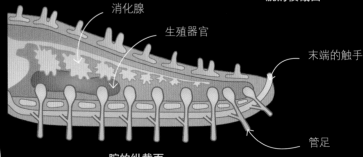

消化腺

生殖器官

末端的触手

管足

腕的纵截面

每个腕都有一套完整的生殖器官以及消化腺和推动管足运动的水管系统

每只腕的下方生有成排的管足

管足用来触摸和行走

胃是一个两室的囊，位于身体中部，分别连着位于身体下方的口和上方的肛门

筛板是小型漏斗，过滤进入身体的海水

行走的管足

海星的身体下方有几百个小小的管足，可以起到小吸盘的作用。海星靠这些管足爬行，还用这些管足紧紧抓住贻贝的壳将其拉开。

水管通过每个腕包围着中央的胃及其分支

消化腺消化掉来自胃里的食物

充满水的小囊向管足中挤水推动管足移动

每只腕表面上的眼点都可以探测到光

断腕把戏

海星每个腕都有一整套主要的器官系统，因此即便失去一个腕也无关紧要。总之，海星的再生能力很强，失去的腕一年内就能长出来。

"海星的**胃**可以从一个**0.1**毫米的缝隙中伸进去"

长长的触手

狮鬃水母

狮鬃水母是水母中的巨人。它有1 000多条带刺的触手，每条触手都比一辆公共汽车还要长。它的刺会在皮肤上留下鞭子状的疤痕，甚至能使心脏停止跳动。狮鬃水母通过摇摆头部游动，致命的触手就漂在身后，好像狮子的鬃毛。狮鬃水母一旦在沙滩上搁浅就毫无办法了，但是它们的刺仍然危险。

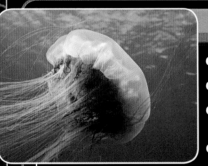

特征一览

- **体形** 伞径0.3~2米，触手长37米
- **栖所** 开阔海域
- **分布** 北半球海域，包括北大西洋和北太平洋以及北海
- **食物** 鱼类、岩虫和其他小型海洋动物

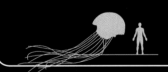

数据与事实

触手长度

25~30 米（平均值）

| 米 | 15 | 30 | 45 |

37 米（最长纪录）

狮鬃水母的触手围绕中央的口分成8组，悬挂在伞状体下。

重量

62 千克（人类）

| 千克 | 300 | 600 | 900 | 1 200 |

超过1 000 千克（水母）

触手最多可达

1440
条

冰冷的刺

最大的狮鬃水母生活在北极冰冷的水域中，在那里它们通常在水面附近游动。狮鬃水母的伞状体颜色从血红色到橘黄色或黄色，各不相同。

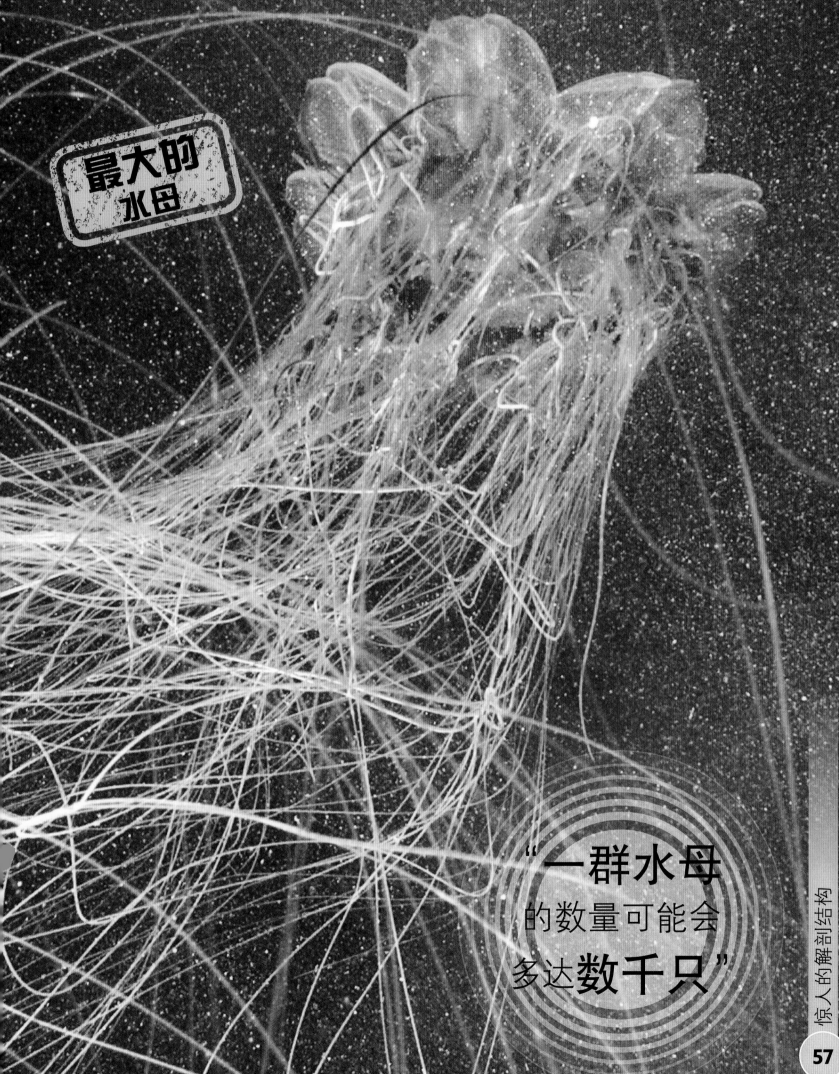

最大的
水母

"一群水母
的数量可能会
多达**数千只**"

大嘴怪兽
鲸鲨

庞大的鲸鲨其实是个温和的巨人, 它们靠小鱼和其他浮游生物为生。虽然鲸鲨长了一张大嘴,但它的喉咙却不过成年人的胳膊般粗细。这可以防止它吞下过大的东西,而吞入口中的海水则可以通过巨大的鳃排出去。任何食物都得通过一个特殊的过滤器,因此只有食物能够进入它的胃。

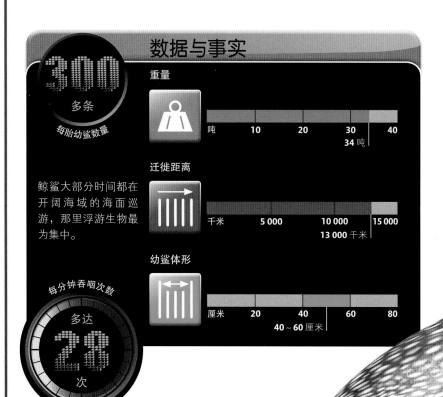
数据与事实

300 多条
每胎幼鲨数量

鲸鲨大部分时间都在开阔海域的海面巡游,那里浮游生物最为集中。

每分钟吞咽次数
多达 28 次

重量

吨	10	20	30	40
			34吨	

迁徙距离

千米	5 000	10 000	15 000
		13 000 千米	

幼鲨体形

厘米	20	40	60	80
	40~60 厘米			

超大型鲨鱼

浮游生物中生活着数十亿的小个体,但是鲸鲨要吃很多口才能饱——尽管它的大嘴宽达1.5米。鲸鲨每天要吃掉两三吨的浮游生物,这些浮游生物的体积仅次于一条鲸鱼。鲸鲨不仅是最大的鲨鱼,也是最大的鱼。

白色条纹和斑点与其他鲨鱼都不一样

鲸鲨大约有4 000颗小牙齿,但是这些牙齿没有实际作用

小眼睛位于嘴的两侧

现成的晚餐

即便要过滤大量的海水，鲸鲨也不愿放弃一顿现成的大餐。满满一网新鲜的鱼非常诱人，这条鲸鲨用力吸吮，居然把小鱼从网眼里吸了出来。

第一个背鳍比第二个要大得多

粗糙的皮肤比任何动物的都要厚

较大的尾鳍上叶在鲸鲨游泳时可提供推动力

沿着身体而生的背脊形成了一条"龙骨"，一直延伸到尾巴

鳃弓支撑着里面粉红色的鳃

最大的鱼

巨大的鳃裂

大部分鲨鱼都有5个鳃裂——鲸鲨的鳃裂非常大。海水中的浮游生物被过滤出来后，海水从鳃裂流出去，而里面的鳃则吸收氧气。

水通过鳃裂流走

鳃耙阻挡浮游生物

水和浮游生物通过口进入

浮游生物进入喉咙

巨大的胸鳍用来掌握方向

滤食动物

鲸鲨吞下的每一口海水在到达鳃之前都会经过鳃耙。这些鳃耙就好像一个筛子，把浮游生物都留下来。

吞食鱼群的黑洞

海洋中大部分滤食动物都是通过张开嘴游动来捕食，但是鲸鲨仅仅通过大口吞食就可以从海水中过滤到食物。当鲸鲨张大嘴时，海水会快速流进它的嘴里——小的生物也被带了进去。通过这种方式，饥饿的鲸鲨能把一群小鱼作为捕食对象，即使这些小鱼离海面非常近，它也会狼吞虎咽地吃掉它们。

相对于头的
尺寸而言
最长的牙齿

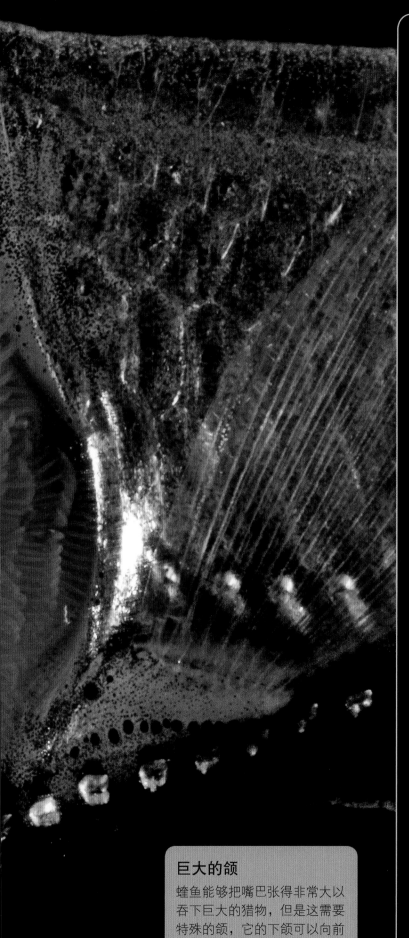

鱼的尖牙

蝰鱼

深海鱼蝰鱼长着可怕的长牙齿，即便嘴巴闭上了，牙齿仍会伸到外面。深海中食物非常匮乏，因此捕食者需要采用聪明的办法才能吃饱。蝰鱼背部长长的背骨末端有一盏闪烁的灯，这可以吸引其他鱼类的注意。一旦有鱼靠近，蝰鱼就会用它长长的尖牙刺向猎物。蝰鱼头后面的骨头格外硬，可以承受攻击猎物时产生的震动。虽然可能得等上很多天才能捕到猎物，但是蝰鱼很有耐心，很多天不吃东西也没有关系。

特征一览

- **体形** 长20~35厘米
- **栖所** 深海
- **分布** 热带和亚热带海域
- **食物** 它的嘴能装下的任何东西——主要是虾、乌贼、螃蟹和小鱼

数据与事实

蝰鱼游动缓慢，大部分时间都一动不动地待在水里等着猎物靠近，然后发起攻击。

游泳深度

490~1 000 米（通常范围）

| 米 | 1 000 | 3 000 | 5 000 |

200~4 700 米（总范围）

游泳速度

千米/时　　1　　2

1.5 千米/时

最多的牙齿数量

26

颗

巨大的颌

蝰鱼能够把嘴巴张得非常大以吞下巨大的猎物，但是这需要特殊的颌，它的下颌可以向前伸出抓住猎物，同时它的上颌可向后张开180度。

动物
运动家

动物王国里一些最棒的运动员生活在海里。旗鱼游动的速度可以和捕食的猎豹媲美；几乎没有什么东西能够逃脱铰口鲨具有巨大吸力的嘴。其实有时候鱼只是想开心地玩耍——它们跳跃、旋转，甚至高高地飞出水面。

海中滑翔机
飞鱼

海洋中到处都是捕食者，有时小鱼要想躲开危险，只能跳出水面，而飞鱼尤其擅长跳跃。在微风的帮助下，它们能带着飞溅的水花在水面或陆地上滑行数米远。大多数飞鱼有两个"翅膀"（也就是它的胸鳍），但是有些种类的飞鱼有4个"翅膀"，能飞得更远。飞鱼起飞时会以惊人的速度拍打尾巴，向上冲出海面，然后展开"翅膀"在空中滑翔。

特征一览

- **体形** 长18~50厘米
- **栖所** 开阔海域的表层海水里
- **分布** 全世界海域，热带海域数量最多
- **食物** 浮游生物和小鱼

在空中滑翔时"翅膀"伸展开来

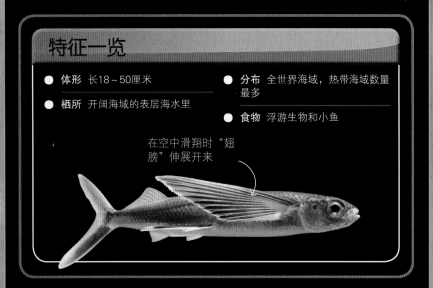

数据与事实

速度

千米/时	30	60	90

64 千米/时（游动速度）　　70 千米/时（飞行速度）

最高飞行高度

米	2	4	6	8

海平面以上 **6** 米

45
秒
最长飞行时间

尾巴拍打最高频率
70
次/秒

66

飞鱼长长的胸鳍位于身体两侧，就好像飞机的机翼一样。飞鱼的胸鳍不能拍动，因此它只能滑翔。

"飞鱼有时会**落到船只的甲板上**"

动物运动家

跳高运动员

黑边鳍真鲨

这种活泼的鲨鱼捕食鱼群。它快速地从鱼群下方冲进去，有时速度太快了以至于冲出水面。成群的黑边鳍真鲨聚在一起捕猎，兴奋起来会疯狂吞食猎物。它们进攻时像陀螺一样在水中不停旋转，好像表演杂技一样。

特征一览

● **体形** 长1.3～2米

● **栖所** 靠近陆地和岛屿的海水中，包括海港、河口和珊瑚礁中

● **分布** 温带和热带海域

● **食物** 以鱼类为主，也包括一些虾、螃蟹和乌贼

数据与事实

深度

| 米 | 15 | 30 |

10米（开始跳跃前的深度）

多达
11
条
每胎幼鲨数量

跳跃高度

| 米 | 0.5 | 1 | 1.5 |

0.5～1米

有些鲨鱼在捕食时会跃出水面，但还有一些是为了摆脱身上的寄生虫或附着在身上的其他动物。

跳跃速度

| 千米/时 | 10 | 20 | 30 |

23千米/时

从水中跃出时最多旋转圈数

3
圈

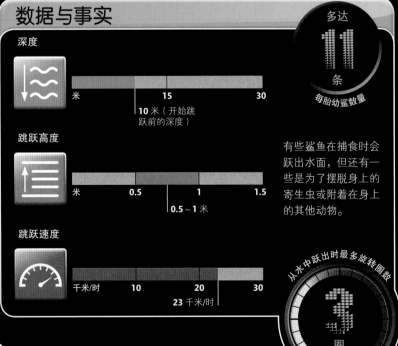

许许多多的食物

鱼有时会成群地聚在一起，这样捕食者就很难对准某一个目标发起攻击，但是这样做对黑边鳍真鲨不起作用。实际情况是，黑边鳍真鲨会快速冲入鱼群，一边游动一边摄食。

最快的泳者
旗鱼

几乎没有哪种海洋动物的游速能超过旗鱼。当它在水中游动时，它的身体一会儿变成蓝色，一会儿变成黄色，这可以迷惑它的捕食对象——小鱼群和乌贼群。当旗鱼特别兴奋时，它甚至会张开巨大的背鳍，就好像张开的一叶帆。

> "它的**身体能随情绪的变化迅速改变颜色**"

眼部肌肉产生的热量可以保持眼睛温度，还可以帮助它在微弱的光线下观察

巨大的帆状鳍覆盖了大部分身体

天生速度快

旗鱼流线型的身体可以让它轻松穿过海水。它的肌肉是红色的，其中含有一种红色色素，这种红色色素储存着能量——爆发所需的氧。这些肌肉可以产生热量，也可以帮助它们达到最佳状态。

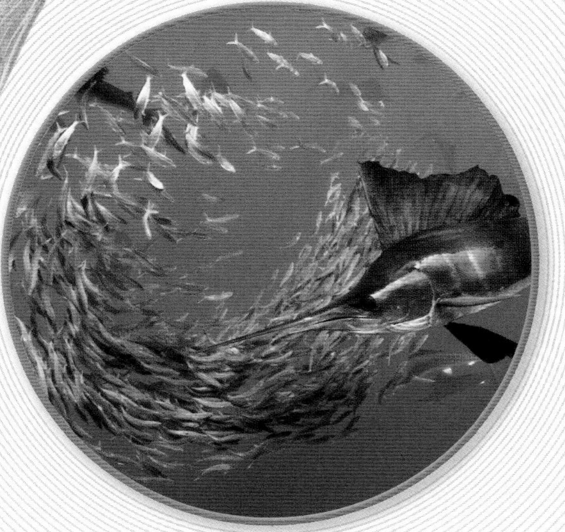

长而尖的吻部用来攻击鱼群

把鱼赶到一起

旗鱼在追逐猎物时背鳍贴状在身体上，但是它们也会竖起背鳍把鱼群赶到一起，然后再用尖利的吻部发起进攻。

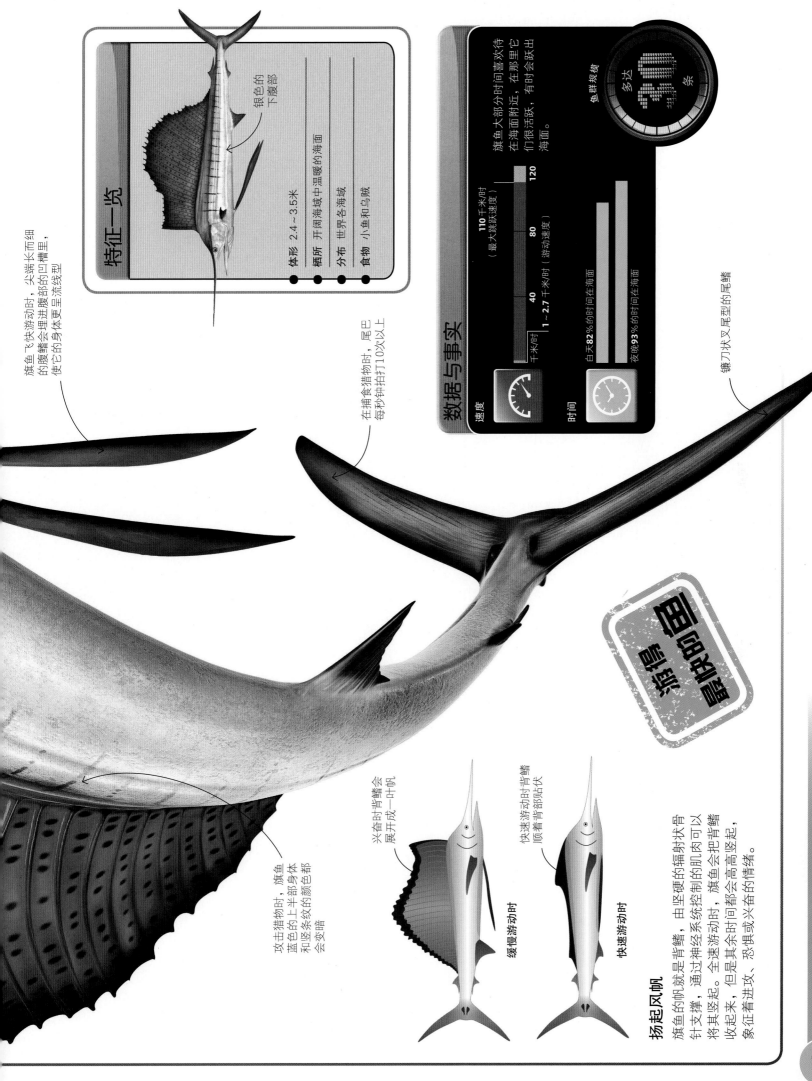

特征一览

银色的下腹部

体形 2.4~3.5米
栖所 开阔海域中温暖的海面
分布 世界各海域
食物 小鱼和乌贼

旗鱼飞快游动时，尖端长而细的腹鳍会埋进腹部的凹槽里，使它的身体更呈流线型

在捕食猎物时，尾巴每秒钟拍打10次以上

镰刀状叉尾型的尾鳍

数据与事实

旗鱼大部分时间喜欢待在海面附近，在那里它们很活跃，有时会跃出海面。

鱼群规模 多达 70 条

速度
110千米时（最大跳跃速度）
1~2.7千米时（游动速度）
千米时 40 80 120

时间
白天82%的时间在海面
夜晚93%的时间在海面

攻击猎物时，旗鱼蓝色的上半部身体和竖条纹的颜色都会变暗

游得最快的鱼

兴奋时背鳍会展开成一叶帆

缓慢游动时

快速游动时背鳍顺着背部贴伏

快速游动时

扬起风帆

旗鱼的帆，就是背鳍，由坚硬的辐射状骨针支撑，通过神经系统控制的肌肉可以将其竖起。全速游动时，旗鱼会把背鳍收起来，但是其余时间都会高高竖起，象征着进攻、恐惧或兴奋的情绪。

动物运动家

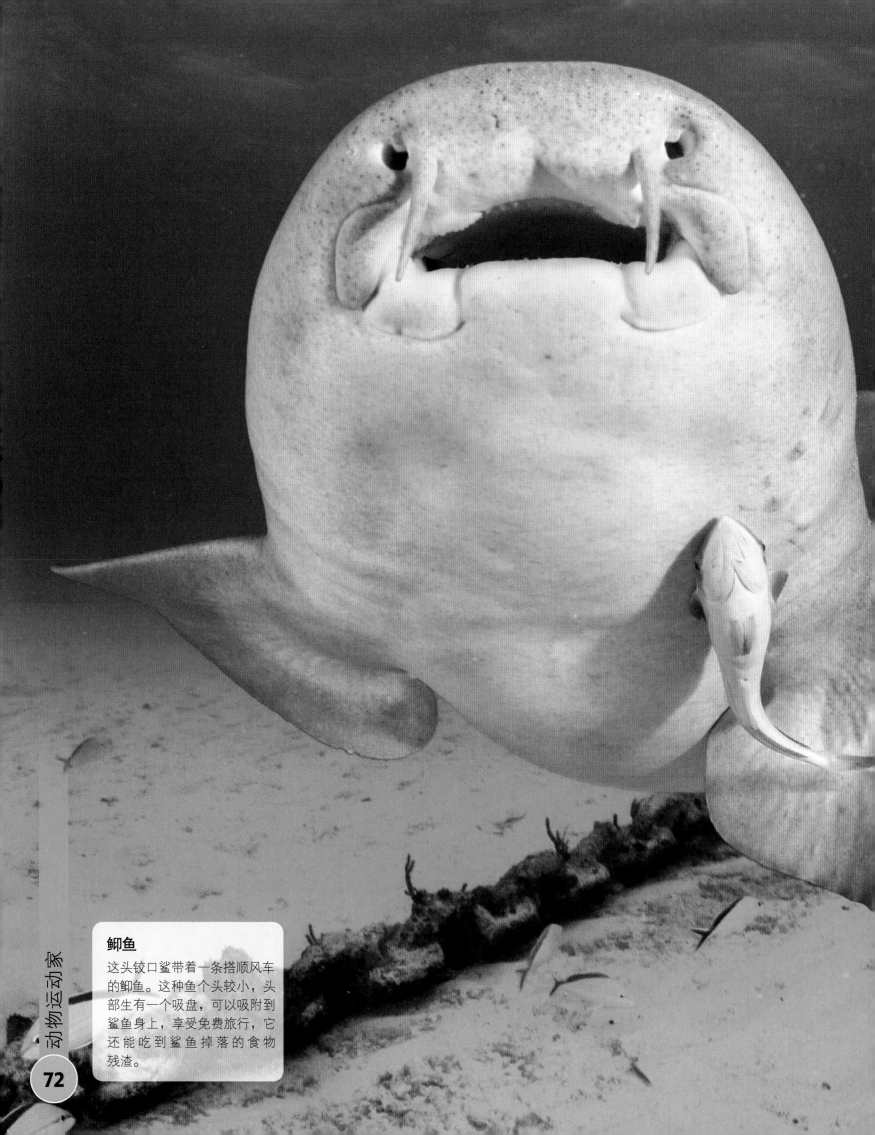

鲫鱼

这头铰口鲨带着一条搭顺风车的鲫鱼。这种鱼个头较小，头部生有一个吸盘，可以吸附到鲨鱼身上，享受免费旅行，它还能吃到鲨鱼掉落的食物残渣。

"铰口鲨能把
海螺肉从壳中
吸出来"

吸得最快的嘴
铰口鲨

铰口鲨的嘴肿肿的，看上去不那么危险。它捕食时，靠嘴吸吮而不是咬。它会把喉咙里充满气，飞快地张开嘴，它张嘴的速度太快了，以至于那些小鱼、小螃蟹来不及逃跑就被它吸进了嘴里。它的牙齿很小，但很尖利，因此不管什么到了嘴里它都能咬动。铰口鲨夜间主要在浅水的岸边游动。白天它们喜欢成群活动，有时聚集在幽暗的岩洞里休息，人们发现它们休息时身体是叠在一起的。

特征一览

- **体形** 2.25～4.3米

- **栖所** 礁石中、沙坪上以及红树林附近的海水中

- **分布** 大西洋、加勒比海以及东太平洋海岸，尤其是靠近赤道的地方

- **食物** 生活在海底的无脊椎动物（例如螺类、乌贼和螃蟹）及鱼类，夜间捕食

数据与事实

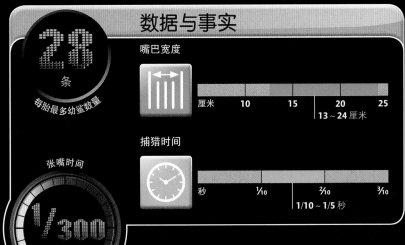

28
条
每胎最多幼鲨数量

嘴巴宽度

厘米	10	15	20	25

13～24 厘米

捕猎时间

秒	1/10	3/10	3/10

1/10～1/5 秒

张嘴时间
1/300
秒

饥饿的"吸尘器"

铰口鲨不像其他鲨鱼那么凶猛，但是它有合适的装备，这足以让它成为吸食高手。它的嘴很小，朝向前方而不是下方。一旦看到猎物，它就会低头冲向猎物。然后，一眨眼的工夫，它张开下颌，把强有力的嘴唇卷成一个圆筒，急促而用力地大吸一口，把猎物吸进嘴里。

活跃的啦啦队员

很多螃蟹的钳子又粗又短，但是拳击蟹的钳子就像人的手指一样，可以抓住它宝贵的海葵。如果掉了一只海葵，它会很小心地把另一只一分为二，确保每只"手"中都有一只。

举起手来!
拳击蟹

有一种螃蟹比你的拇指指甲盖大不了多少，但是它体形上的弱点却在大脑上得到了弥补。它的两只钳子各紧握一只刺人的小海葵，就好像举着两个绒线球或拳击手套。要是有敌人靠近的话，拳击蟹会舞动海葵，海葵身上的刺会吓走敌人。但是随身携带海葵有时也会有问题，因为这样它就不能用钳子来敲碎食物了，因此它会啃食附在海葵触须上的浮游生物。当两只拳击蟹相遇时，它们就会舞动手里的"绒线球"假装要打架，但是它们几乎连身体都不会接触。

特征一览

- **体形** 壳的宽度1～2.5厘米
- **栖所** 珊瑚礁
- **分布** 热带海岸
- **食物** 附着在海葵上的小型浮游生物

"有些拳击蟹会用自己手中的海葵把**食物**从**岩石**上拂落"

数据与事实

不到 **1** 秒 出"拳"时间

最长攻击时间 **1** 分钟

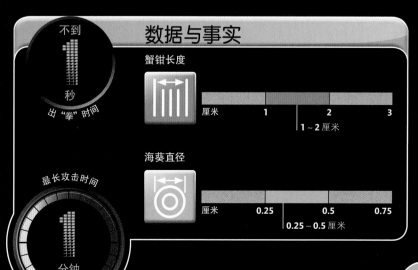

蟹钳长度

| 厘米 | 1 | 2 | 3 |

1～2厘米

海葵直径

| 厘米 | 0.25 | 0.5 | 0.75 |

0.25～0.5厘米

可怕的尾巴

长尾鲨猎食时会用长长的尾巴
击打鱼类，有些鱼会被打死，
还有一些会被打得晕头转向。

"**尾巴**摆动的
巨大**力量**能使
尾尖周围的**水**
翻腾起来"

猛烈的鞭击
长尾鲨

长尾鲨捕猎的方式与众不同，它的尾巴和身体一样长，就像一条鞭子一样可以抽晕猎物。长尾鲨在开阔的海域捕食，和它那些个头更大的大白鲨亲戚一样，它们活力四射，这是因为它们的血液比周围环境的温度要高。它们快速甩动尾巴，仅仅一击就能让猎物浮在水面上，束手就擒。

相对于身长而言，长尾鲨的尾巴是**最长的**

特征一览

- **体形** 长3.8~7.6米
- **栖所** 开阔海域，尤其是靠近陆地的地方
- **分布** 世界各海域
- **食物** 主要是浅水鱼类，例如鲭鱼，但也吃乌贼

数据与事实

长尾鲨的尾巴很长，能够从后向前击位于它头顶部的猎物。它们可能会两条或多条聚集在一起捕猎。和其他活跃的鲨鱼一样，它们常常会跃出水面。

重量

| 千克 | 200 | 400 | 600 |

76~160 千克（尾巴重量）　230~510 千克（总重量）

尾巴长度

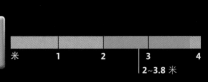

| 米 | 1 | 2 | 3 | 4 |

2~3.8 米

尾巴出击速度

| 千米/时 | 50 | 100 | 150 |

50~130 千米/时

寿命

50 年

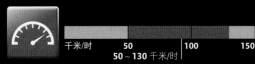

79

飞旋的奇迹

长吻原海豚

海豚和鲸嬉戏跳跃时好像杂技表演，在海洋动物中它们以此著称。长吻原海豚是最为敏捷的海豚之一，以旋转式的跳跃而闻名。它旋转着跃出海面，打破水面的平静，在空中继续旋转。有些海豚很喜欢这样玩，会连续玩很多次。

特征一览

- **体形** 长 1.3 ~ 2.3 米
- **栖所** 温暖的海水中，通常在海岸附近，但有时会在远离陆地几百千米的开阔海域中
- **分布** 热带海域
- **食物** 鱼、乌贼、虾，主要在晚上进食

细长的吻部　　　　　　　　　　　　细长的身体

数据与事实

125 秒
空中停留时间

旋转式跳跃有助于海豚在群体中社交，这样做也可能是为了摆脱附着在身上的藤壶。

跳跃高度

| 米 | 2 | 4 |

3 米

潜水深度

| 米 | 100 | 200 | 300 | 400 |

200 ~ 300 米

重量

| 千克 | 20 | 40 | 60 | 80 | 100 |

60 ~ 79 千克

每一跳最多旋转圈数

7 圈

在海上旋转

当长吻原海豚结群活动时，它们更像是在表演。它们头向上跃出水面旋转着，然后侧着身子落入水中，溅出大水花。

为速度而生

尖吻鲭鲨

来见见鲨鱼世界中的游泳冠军吧。尖吻鲭鲨是长距离游泳最快的鲨鱼，能够抓住飞快游动的猎物，例如金枪鱼和剑鱼。它在追逐猎物的过程中还可以在水中急转，所有这些剧烈的活动都会使肌肉产生大量热能。这些热能大部分都保留在身体里，因此鲨鱼是名副其实的恒温动物。尖吻鲭鲨生活在开阔的海域，冬天会洄游到热带水域以保持身体温暖。

特征一览

- **体形** 3.2 ~ 4米
- **栖所** 温带和热带海域，主要生活在深海中
- **分布** 温带和热带的近岸海域
- **食物** 以鱼类和乌贼为主，但有时会捕食海龟和海豚

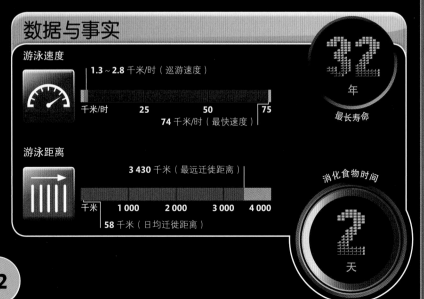

数据与事实

游泳速度

1.3 ~ 2.8 千米/时（巡游速度）

千米/时　25　50　75

74 千米/时（最快速度）

游泳距离

3 430 千米（最远迁徙距离）

千米　1 000　2 000　3 000　4 000

58 千米（日均迁徙距离）

32
年
最长寿命

消化食物时间

2
天

极速泳者
尖吻鲭鲨的体形让它游得飞快——它尖尖的吻和圆柱状的身体可以让它在水中快速游动，大大的半月形尾巴给速度爆发提供了动力。

游得最快的
鲨鱼

动物运动家

"蝠鲼头部的尖角是**头鳍**，像**漏斗**一样可以把**食物**送到嘴里"

浪花飞跃的奇观

蝠鲼的飞跃表演活力四射，嘈杂喧闹。一群蝠鲼可以连续跳跃数次，每次落入水中时都会溅起巨大的水花。

奇妙的飞鱼

蝠鲼

一群蝠鲼一起表演是海上最壮观的自然奇观。成百上千条蝠鲼跃出海面，拍动着"翅膀"翻筋斗。这些"体操运动员"可能是在彼此展示自我，也有可能是为了除掉身体上的寄生虫。它们在海面附近非常快地游动，偶尔会跃出海面。

特征一览

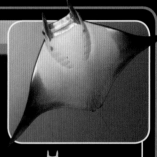

- **体形** 长0.9～6.5米（包括尾巴），体盘宽5.2米
- **栖所** 温带和热带近岸海域
- **分布** 世界各海域
- **食物** 浮游生物、小型甲壳类生物、海水中过滤出的小鱼

数据与事实

多达 **2** 个
翻跟头数量

蝠鲼似乎是海面附近最活跃的动物，但是它们也会潜入深海捕食微型浮游生物。

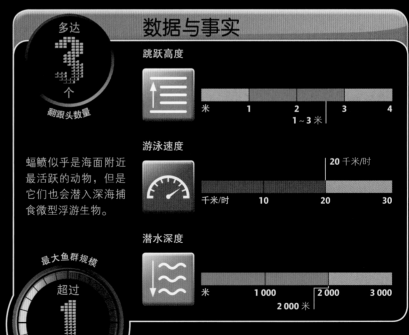

跳跃高度

| 米 | 1 | 2 | 3 | 4 |

1～3米

游泳速度

20 千米/时

| 千米/时 | 10 | 20 | 30 |

潜水深度

| 米 | 1 000 | 2 000 | 3 000 |

2 000米

最大鱼群规模
超过 **1** 万条

鱼群驱逐舰
短尾真鲨

一大群小鱼有时能满足最大的鲨鱼的胃口。短尾真鲨英文名字"Bronze Whalter"（意为"青铜色的捕鲸船"）的由来是因为它的皮肤是青铜色的，而且有人看到过它们吃死去的鲸鱼。这些鲨鱼无法抵制沙丁鱼每年一次沿南非海岸洄游的诱惑。短尾真鲨是最常被这一景观吸引的，它们成群结队而来，每条鲨鱼都冲入鱼群当中，尽情享用大量密集的美味。

特征一览

- **体形** 长2.4～2.9米
- **栖所** 温带和亚热带靠近海岸的海域，还会进入河口和某些河流的下游
- **分布** 所有温暖的近岸海域，地中海
- **食物** 魟鱼、白斑虎鲨、鱿鱼、乌贼、章鱼及其他鱼类

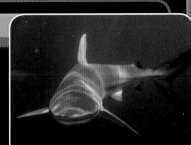

数据与事实

活动

雌鱼和幼鱼最活跃（六七月沙丁鱼洄游期间）　雄鱼整年都很活跃

1月　　　　　　　　　　　　　　　　12月

食物

其他猎物占35%

沙丁鱼占48%　　乌贼占17%

成熟年龄

13 岁（雄鱼）

20 岁（雌鱼）

沙丁鱼在南半球的冬季也就是6月和7月随冰冷的海水洄游。洄游的鱼群吸引了很多短尾真鲨，其中包括雌鱼和在浅水育幼场栖息的幼鲨。

全鱼宴

短尾真鲨用锋利的牙齿往嘴里塞满沙丁鱼。沙丁鱼数量太多了，因此就算来一大群鲨鱼也不会对沙丁鱼群有什么影响。

快速登陆

巴布亚企鹅游得非常快，常常直接从海里跳到岸上。速度不仅对于捕食非常重要，也可以帮助它们躲开捕食者，例如豹形海豹。

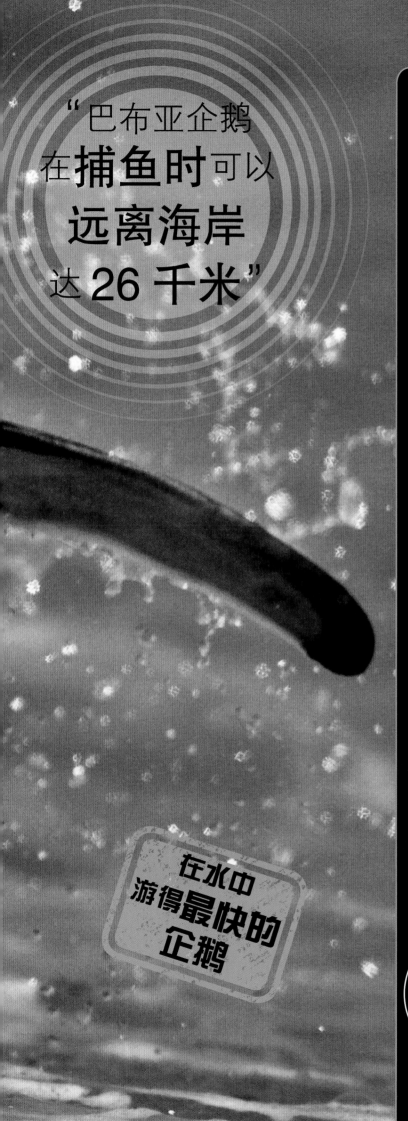

"巴布亚企鹅在**捕鱼时**可以**远离海岸达 26 千米**"

在水中游得最快的企鹅

短小精悍的潜水员 巴布亚企鹅

短短的腿，大大的脚，直立的身体，这让企鹅在陆地上看起来很滑稽。即使着急赶路，它们也只能摇摇摆摆地走或用肚皮滑行，但是在水中它们泳姿优雅，其中巴布亚企鹅是游得最快的。它们每天跳入大海数百次，从光滑的浮冰上入水，动作敏捷地穿过波浪。一旦来到水中，巴布亚企鹅流线型的身体和前鳍状肢可以让它们以每小时36千米的速度捕捉鱼和其他猎物，这比大部分潜鸟的速度还要快。

特征一览

- **体形** 身长76~81厘米
- **栖所** 海边的岩石上及其周围海域中
- **分布** 南极洲的岛屿
- **食物** 磷虾、鱼、蠕虫和乌贼

数据与事实

多达 **24** 次
每小时跳水次数

潜水持续时间
86 秒

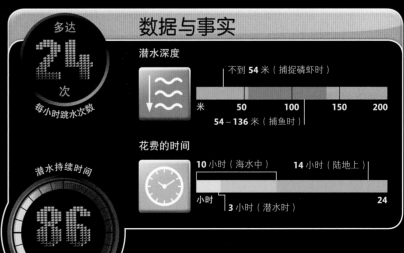

潜水深度

米	50	100	150	200

不到 **54** 米（捕捉磷虾时）
54~136 米（捕鱼时）

花费的时间

10 小时（海水中）　14 小时（陆地上）
小时　3 小时（潜水时）　24

生命的
故事

在海洋中生活很艰难，可能会很冷，很黑，很难找到食物，或无处躲藏。为了生存下来，每种动物都需要进化出特殊的技能或生存方式，才能充分适应环境，保护自己不受敌人伤害。

便携式摇篮

雄性后颌鱼的嘴比雌性要大很多，因为只有雄鱼才能在口中孵化鱼卵。雄鱼的嘴里必须有足够大的空间，才能让水流过鱼卵，从而获得充足的氧气。

雄性口育鱼

后颌鱼

这看上去很危险，但是对后颌鱼宝宝来说，要远离危险还有比爸爸的嘴里更好的地方吗？鱼爸爸用嘴接住鱼妈妈产的100粒左右的鱼卵，然后照顾它们直到孵化。一旦孵化出来，鱼爸爸会把小鱼吐进海水里，它的任务就算完成了。然后它会再用大嘴来运沙石，让自己的洞穴保持整洁，确保不会塌掉。它会选择大小合适的石头和岩石碎块来加固自己洞穴的侧面。

特征一览

- **体形** 长4～50厘米
- **栖所** 岸边的浅水中，在那里它们用沙子或淤泥筑穴
- **分布** 大西洋西部、印度洋和太平洋
- **食物** 从海底或浮游生物中捕获的小动物

数据与事实

后颌鱼用大嘴巴挖洞穴，有些甚至会用一块石头当"门"撑住洞穴的入口，让自己获得更多保护。

口腔大小

厘米	2	4	6	8

约0.5～6.25厘米

洞穴深度

厘米	20	40	60厘米

约10～50厘米

鱼卵孵化时间

7-10
天

怕羞的蜷曲者
猫鲨

身为小鲨鱼当然有优势——能轻松捉到近岸浅水中的岩石和珊瑚上的虫子和小鱼。但是，它们也很容易成为凶猛的捕食者的猎物，因此它们有自己的生存策略——藏起来，避免被从岸上潜入水中的海狮或从深海游上来的鲨鱼抓到。受到威胁时，猫鲨万不得已会把自己的身体盘成环形。对于饥饿的捕食者来说，很难吞下盘成环形的猫鲨。

特征一览

- **体形** 长50～73厘米
- **栖所** 主要生活在底部是岩石和沙子的浅水海域中或海藻床上
- **分布** 南非
- **食物** 小鱼、虫子、虾、螃蟹、乌贼

数据与事实

游泳深度

米	50	100	150

0～130米

与绝大多数鲨鱼不同，猫鲨不是胎生的，幼鲨从浅水中的卵鞘里孵化出来。

身体长度

10～11厘米
（刚孵化出来的幼鲨）

厘米	25	50	75

50～73厘米
（成鲨）

卵孵化时间

14

周

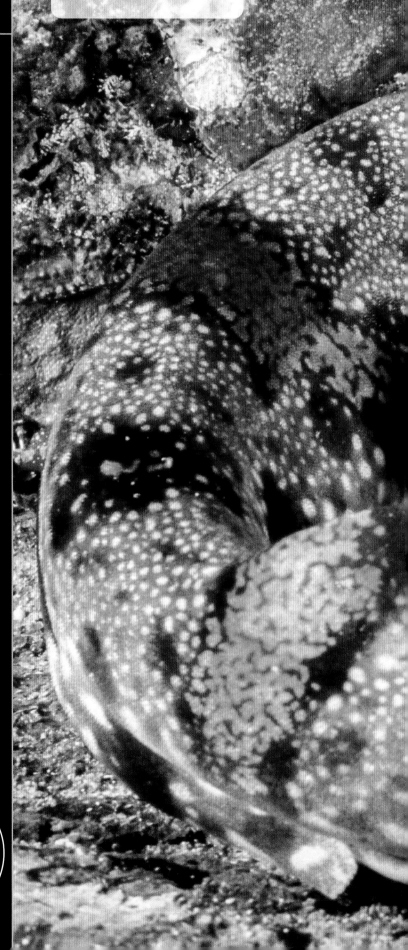

胆小的马戏演员
猫鲨面对危险时会把身体盘成环形，用尾巴遮住眼睛，这样捕食者就很难把它一口吞下去。

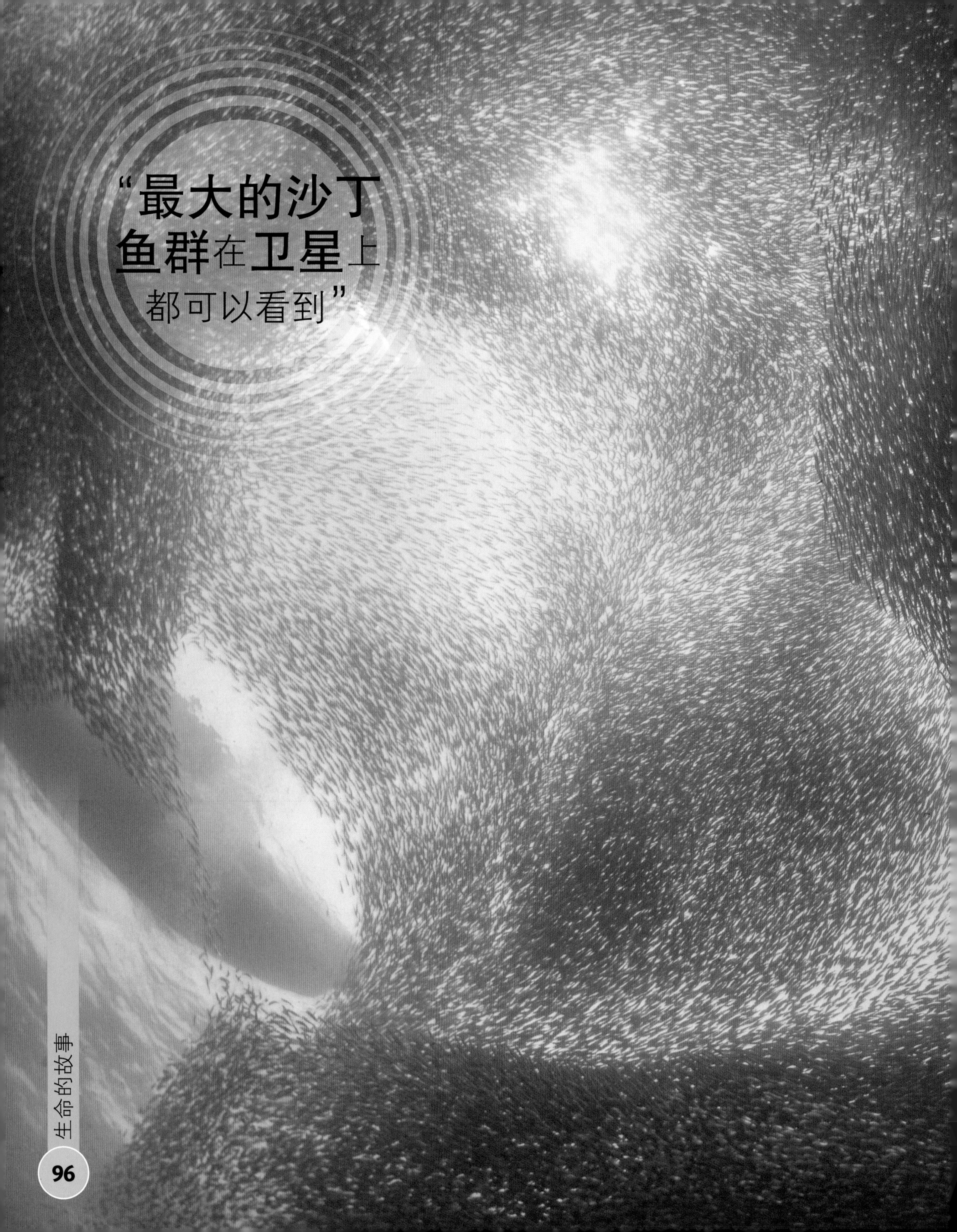

“最大的沙丁鱼群在卫星上都可以看到”

超级鱼群
沙丁鱼

有些种类的鱼喜欢聚在一起，沙丁鱼群可以说是最大的鱼群。每年，数以亿计的沙丁鱼随着非洲东海岸的低温洋流迁徙，场面非常壮观，被称为沙丁鱼大迁徙。沙丁鱼群的总重量是地球上迁徙的动物群体中最重的。沙丁鱼是鲱鱼家族中的小鱼，为了自身安全它们大规模地聚集在一起。一大群鱼看上去很容易捕食，但实际上捕猎者会发现，在一大群闪闪发光的银色的鱼当中，很难对准某个移动的目标。

特征一览

- **体形** 长15～30厘米
- **栖所** 开阔海域，尤其是靠近陆地有大量浮游生物的海水中
- **分布** 世界各海域
- **食物** 微型浮游生物

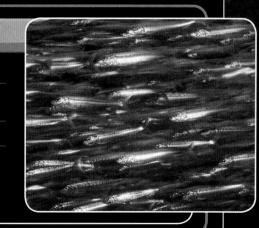

数据与事实

没有人确切知道为什么沙丁鱼会聚集成群地迁徙，但有些人认为这是洋流每年一度的变化引发的。

巨型鱼群的长度

千米　　10　　　20　　　30

15 千米

巨型鱼群的宽度

*　　　20　　　40　　　60

30 米

最大鱼群规模（估测）

1000

万条

聚集到一起

一大群沙丁鱼游动的时候就像一个巨大的有生命的整体。单条鱼和很多鱼混在一起时会安全很多，而且一起游动也可以节省力气。

岩石上的爬行动物
海鬣蜥

蜥蜴主要生活在陆地上，但是有一种蜥蜴却不害怕湿身。在南美洲加拉帕戈斯群岛遍布岩石的岸边，海鬣蜥只进食海草。有些海草可以长到水面以上，但是大型海鬣蜥要想吃饱，必须得潜入海水中。

海草小吃

海鬣蜥的吻短而钝圆，因此它的锋利牙齿可以触及长有海草的岩石。它会啃食绿色的海草，但是更喜欢一种主要生长在水下的红色海草。

数据与事实

和其他爬行动物一样，海鬣蜥利用阳光取暖来保持活力。当它潜入冰冷的海水中时，体温会下降，因此不能长时间停留在海水中。只有个头大的海鬣蜥才能潜水，因为个头小的海鬣蜥其身体热量会迅速散失。

温度

11℃~23℃（海水温度）

| ℃ | 15 | 30 | 45 |

35℃~39℃（活动时身体温度）

潜水深度

20米（最深）

| 米 | 5 | 10 | 15 | 20 | 25 |

食物

95%（海平面以上生长的海草）

5%（海平面以下生长的海草）

最长潜水时间

60
分钟

灰色或黑色的皮肤在繁殖期会长出粉红或绿色的斑块，这些斑块颜色还会变深

背部生有参差不齐的锯齿状"鳍"，游动时用尾巴控制方向

两侧扁平的长尾在游动时可以提供推进力

海鬣蜥用结实的头部碰撞对手，甚至可能会故意朝对方打喷嚏

超级日光浴爱好者

海鬣蜥深色的皮肤沐浴在阳光中，可以让它暖和起来。不同岛上海鬣蜥的颜色、花纹和个头都不一样，雄性比雌性的颜色更鲜艳。

强有力的口中生有尖利的三棱状牙齿，用来撕扯海草

当海浪不断袭来时，尖利的爪子可以抓住岩石

特征一览

体形	长1～1.7米
栖所	布满岩石的海岸
分布	加拉帕戈斯群岛
食物	海草

眼睛上方的盐腺通往鼻孔

从鼻孔喷出的盐液会在脸上形成白色的盐斑

打喷嚏喷出盐的蜥蜴

海草盐分很高，海鬣蜥头部需要特殊的腺体清除血液中多余的盐分，避免越积越多。海鬣蜥打喷嚏就是把含盐的鼻涕从鼻子里清除出去。

带刺的家

小丑鱼

在到处都是捕食者的海礁上，有些动物为了保护自己，会做出一些奇怪的事情。对于小丑鱼（又叫海葵鱼）家族来说，这意味着舒服地栖息在一只海葵的触手间。海葵有毒刺，但是小丑鱼可不怕，它们从来不会躲到海葵够不到的地方。实际上，海葵和小丑鱼共同生活，彼此受益。海葵可以保护小丑鱼免受大型捕食者的伤害，而小丑鱼进食浮游生物时海葵又可以得到一些掉落的食物残渣。

特征一览

- **体形** 5~13厘米
- **栖所** 热带海洋的珊瑚礁中，海葵中间和海葵周围
- **分布** 东印度洋和西太平洋沿岸的海域
- **食物** 浮游生物和螃蟹尸体

数据与事实

黏液厚度

14/1 000毫米（与海葵共生的鱼身上）

4/1 000毫米
（不与海葵共生的鱼身上）

小丑鱼的皮肤比其他鱼的皮肤都要黏，这可以防止被海葵的毒刺蜇到。

游泳距离

幼鱼期

米　　　2　　　4

3米（离开海葵的最远距离）

8-12
天

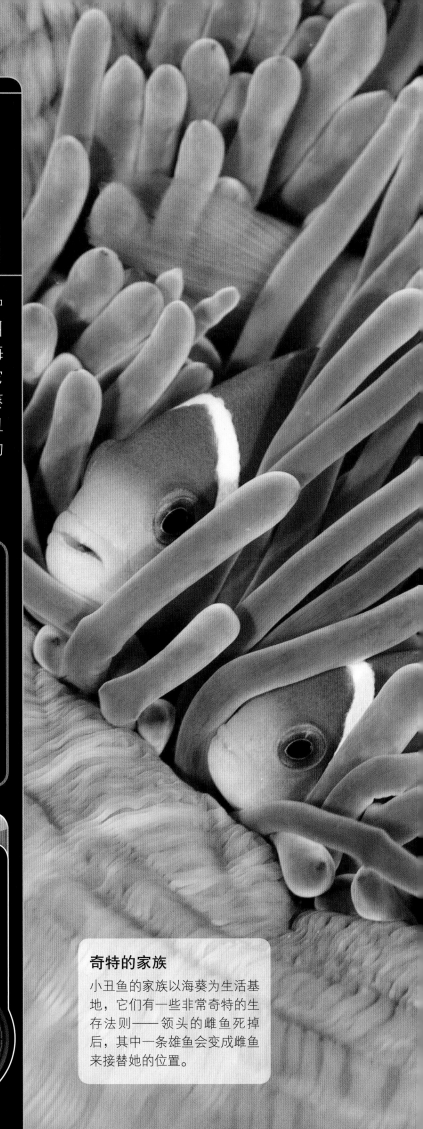

奇特的家族

小丑鱼的家族以海葵为生活基地，它们有一些非常奇特的生存法则——领头的雌鱼死掉后，其中一条雄鱼会变成雌鱼来接替她的位置。

逆流而上的捕食者
公牛真鲨

几乎所有的鲨鱼都需要含有盐分的海水才能存活，但是公牛真鲨（又叫牛鲨）在淡水中同样可以生存。公牛真鲨经常游到河水中，有时会游数千千米远，甚至能够穿越河流中布满岩石的险滩。它们深入内陆河流，接近人类游泳戏水的场所，在那里，它们会攻击人类。

特征一览

- **体形** 长2.3~3.5米
- **栖所** 温带和热带近岸水域和大型河流水体
- **分布** 大西洋、太平洋、印度洋亚热带和热带地区近岸水域
- **食物** 鱼类（包括其他鲨鱼）、海龟、鸟类、海豚和某些陆地动物

短而圆的吻

数据与事实

耐盐性

35 ‰（正常海水盐度）

	20	40	60

0（耐受的最小盐度）　　53 ‰（耐受的最大盐度）

进入河流最远距离

千米	2 000	4 000

3 700 千米（沿亚马孙河逆流而上的距离）

游泳深度

米	100	200	300

0~30 米（通常情况下）　150 米（最深）

很多鲨鱼都会进入河口，但是只有公牛真鲨会定期游入内陆。越接近河流的上游，水的盐度就越低，海水慢慢变成淡水。大部分鲨鱼在淡水中会死亡，但是公牛真鲨在河流和大海中都可以生存。

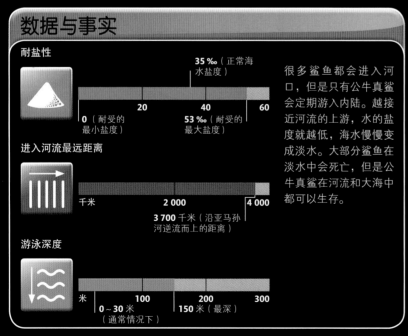

自找麻烦

公牛真鲨在水流汹涌的河口悠然自得。潮汐、波浪和恶劣的天气会使河口的淤泥翻起，但公牛真鲨仍能透过浑浊的河水感知到猎物。河流沿岸的活动会吸引它们，它们经常窥探渔船甚至岸上钓鱼的人。它们游到浅水中，希望抓住冒险进入水中的动物。

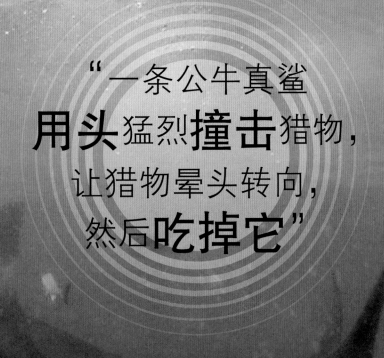

"一条公牛真鲨**用头**猛烈**撞击**猎物，让猎物晕头转向，然后**吃掉它**"

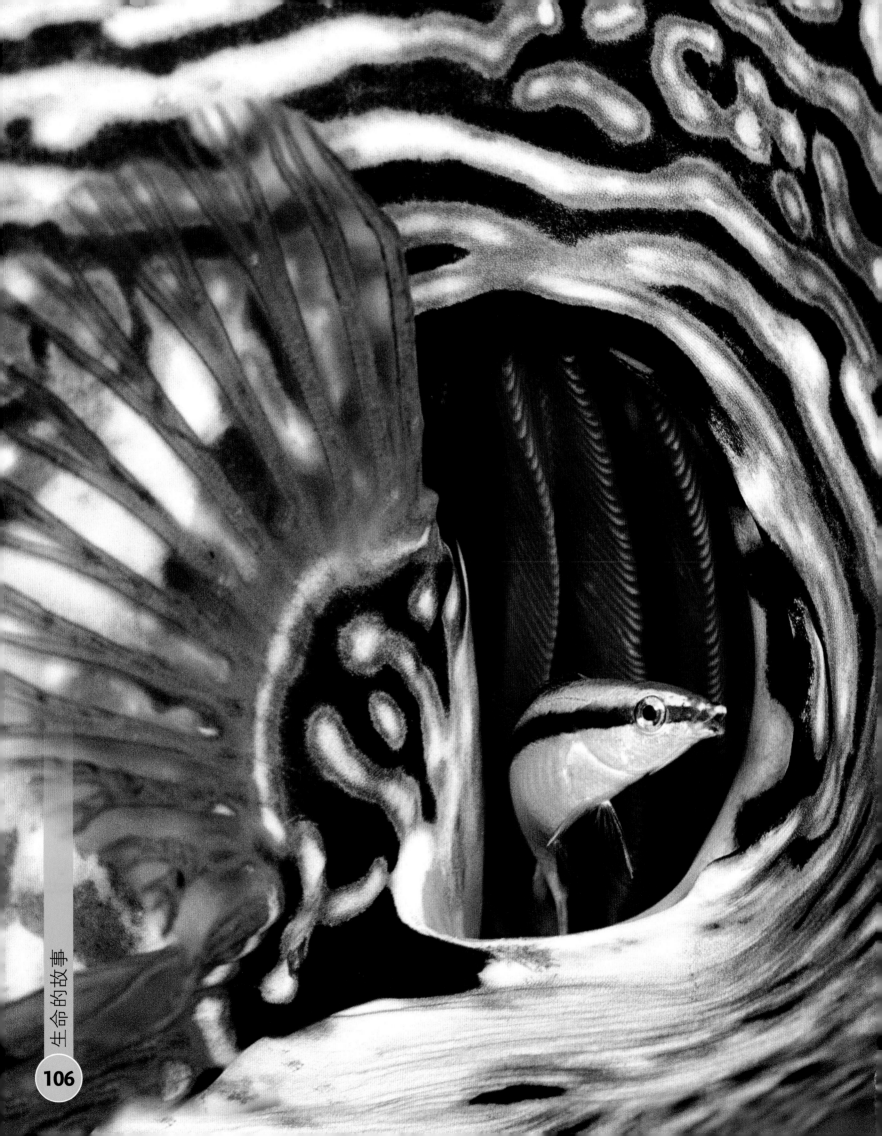

水下仆人

蓝带裂唇鱼

在拥挤的海洋礁石上，一条鱼很难保持干净和健康。礁石上生有微型寄生虫，会附着在鱼身上，靠鱼的皮肤和血液为生。裂唇鱼是大自然为解决这一问题而创造的物种。它会在珊瑚礁中其他鱼都知道的一个地方游动，一旦有鱼来访，它会跳一小段舞蹈来迎接"客户"，然后一点点除掉来客身上的寄生虫，让它清洁如初。

特征一览

- **体形** 长14~22厘米
- **栖所** 珊瑚礁和潟湖中，靠近"清洁站"的地方
- **分布** 红海和靠近印度洋以及西太平洋海岸的地方
- **食物** 其他鱼身上的寄生虫和黏液

数据与事实

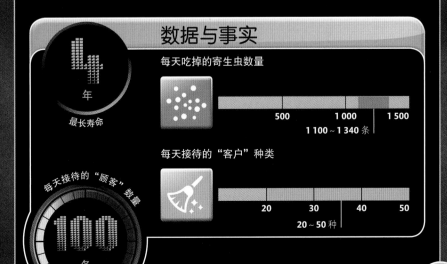

4
年
最长寿命

每天吃掉的寄生虫数量

| | 500 | 1 000 | 1 500 |

1 100~1 340 条

每天接待的"客户"种类

| | 20 | 30 | 40 | 50 |

20~50 种

每天接待的"顾客"数量

100
条

清洁鱼鳃

小小"清洁工"裂唇鱼以寄生虫为食。它在为"客户"工作时，"客户"会一动不动。它有时会直接进入"客户"的鳃中来个大扫除。

潮水坑中的爬行者

条纹斑竹鲨

小鲨鱼也有自己的优势，身材苗条的斑竹鲨怡然自得地生活在热带海岸线附近的浅水中。它自如地在岩石间穿梭寻找猎物，并能获得充足的食物。它生活得非常自在，即便潮汐也影响不到它。别的鱼在退潮时会匆忙潜入深水，但是斑竹鲨却为找到一处潮湿的地方而高兴，然后在那里等待涨潮。

特征一览

- **体形** 长0.9～1.2米
- **栖所** 珊瑚礁和潮水坑中
- **分布** 北印度洋和西太平洋的海岸线，包括印度、菲律宾、日本和澳大利亚
- **食物** 生活在水底的鱼、蠕虫和螃蟹

成年斑竹鲨身上几乎看不到条纹

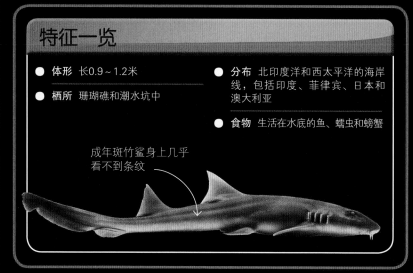

数据与事实

"行走"速度

千米/时　0.5　1

0.6 千米/时

在浅水坑中，斑竹鲨可以利用它强壮的胸鳍在岩石上"行走"，有时会从水中浮出来。

栖息深度

米　25　50　75　100

0～85 米

最长离水时间

12 小时

生有条纹的幼鱼

大部分鲨鱼都没有明显的花纹，但是小条纹斑竹鲨的身上却长着深颜色的条纹。随着幼鱼长为成鱼，这些条纹会消退。

数量惊人的虾群

南极磷虾

试着想象一下：有一群动物数量比地球上所有人的数量还要大上1 000倍。磷虾在开阔的海域游动，它们聚集成地球上最大的群体。每只磷虾都会用长着长毛的腿抓取微型浮游生物为食。反过来，一大群密密麻麻的重量巨大的磷虾也是鱼、鲸鱼、海豹和企鹅等动物的食物。

特征一览

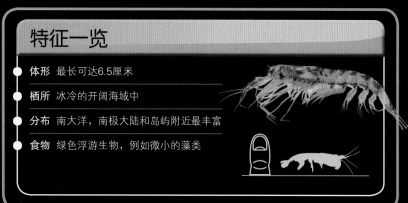

- **体形** 最长可达6.5厘米
- **栖所** 冰冷的开阔海域中
- **分布** 南大洋，南极大陆和岛屿附近最丰富
- **食物** 绿色浮游生物，例如微小的藻类

数据与事实

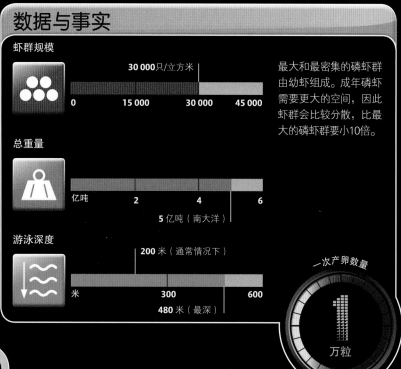

虾群规模

	30 000只/立方米		
0	15 000	30 000	45 000

最大和最密集的磷虾群由幼虾组成。成年磷虾需要更大的空间，因此虾群会比较分散，比最大的磷虾群要小10倍。

总重量

亿吨	2	4	6

5亿吨（南大洋）

游泳深度

	200米（通常情况下）	
米	300	600

480米（最深）

一次产卵数量

1 万粒

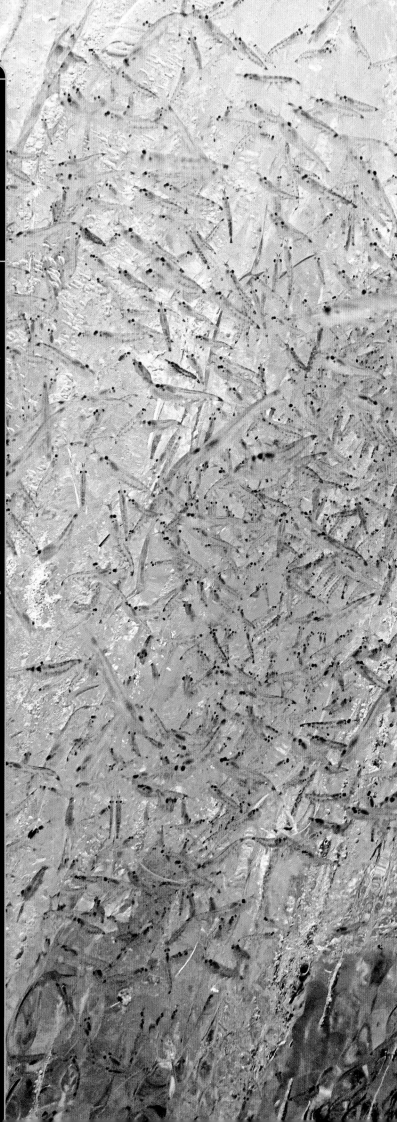

110

"**磷虾**能像**小头灯**一样**闪光**，以迷惑捕食者"

疯狂捕食

每天数以亿计的磷虾从深海中游出来吃长在冰川下面的海藻。巨大的虾群会引来等待在海面附近的鱼和海鸟的疯狂捕食。

"**巨口鲨**因为它扁扁的大头常常被**误认为**是**虎鲸**"

神秘的巨人

巨口鲨

广阔的海洋大到可以在很长时间内藏住自己的秘密，即便是巨口鲨这样的大鱼也不会被轻易发现。直到1976年，人们才发现这种深海巨人。那年，人们在夏威夷捉住了一条巨口鲨，从那以后便很少发现它的踪迹。它以一种类似虾的动物——磷虾为生。进食时，它会吞下海水然后用鳃过滤掉，留下这些小猎物。

特征一览

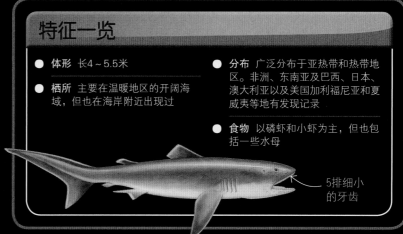

- **体形** 长4～5.5米
- **栖所** 主要在温暖地区的开阔海域，但也在海岸附近出现过
- **分布** 广泛分布于亚热带和热带地区。非洲、东南亚及巴西、日本、澳大利亚以及美国加利福尼亚和夏威夷等地有发现记录
- **食物** 以磷虾和小虾为主，但也包括一些水母

5排细小的牙齿

数据与事实

跟长吻角鲨相比，巨口鲨的短吻上用来探测猎物的感觉孔少，但是这些小孔仍可以有效探测食物。巨口鲨白天在海面上追踪磷虾，晚上则潜入深海。

夜晚潜水深度

0～200米（磷虾所在深度）

米 　　100　　200

120～165米（进食深度）

白天潜水深度

0～40米（磷虾所在深度）

米 　　100　　200

12～25米（进食深度）

感觉孔数量

225（总数）
48（头部一侧）
169（头顶）　　8（头部下方）

目击数量

63

条

秘密的吞食者

尽管没有人亲眼见过巨口鲨进食，但科学家们认为它们会张开巨大的颌吞进海水然后过滤掉，小型海洋动物，例如磷虾，就会被它鳃里像鬃毛刷子一样的须状鳃耙挡住。

迷惑敌人的把戏

海参

如果一种动物长得很像多汁的香肠，那肯定会吸引捕食者的注意，但是海参可不是束手就擒的美味大餐。这种身体松软、移动缓慢的动物生活在海底，看上去柔弱无助。有些种类的海参颜色鲜艳，这是在警告敌人它的体内含有毒素。如果这还吓不走敌人，它们会采取极端措施：排出黏糊糊的内脏——通常情况下这足以打发走最饥饿的捕食者。

管足在体液的
压力下伸展

管足

海参腹部排列着顶端带吸盘的管足，每只管足在体液的压力下伸展，可吸附到岩石或贝壳等物体的表面上。当压力消失时，管足会抬起来。所有管足一起活动，带动海参向前移动。

特征一览

- **体形** 长0.1 ~ 3.3米
- **栖所** 海床，从深海到浅海的海岸线上
- **分布** 世界各海域
- **食物** 浮游生物和腐烂物质

> "海参的**内脏器官**会在**两个星期**内**重新生长**出来"

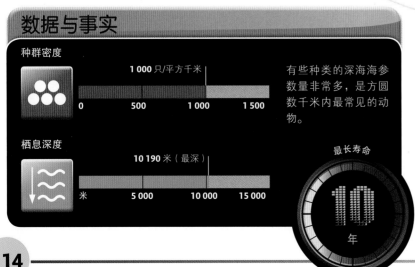

身体上的 5 排管足
用来在物体表面缓
慢移动

鲜艳的橘黄色和红色
标志是一种警告

数据与事实

种群密度

1 000 只/平方千米

| 0 | 500 | 1 000 | 1 500 |

有些种类的深海海参数量非常多，是方圆数千米内最常见的动物。

栖息深度

10 190 米（最深）

| 米 | 5 000 | 10 000 | 15 000 |

最长寿命

10 年

尖端生有刚毛的触手用来在周围的海水中捕捉食物碎屑

触手伸展

口周围的刚毛触手是加长的管足（见左图）。这些触手就像黏糊糊的手指，可以捉住漂到身边的任何食物颗粒，并将其吃掉。

海苹果受惊时会吞进海水让身体膨胀起来

奇奇怪怪的颜色

海苹果是一种颜色格外鲜艳的海参，虽然名字诱人，但并不好吃。它受惊吓时会排出像肥皂一样的脏乎乎的东西。

排出内脏

海参受到惊吓会排出内脏，这是它自我保护的秘密武器。通过收缩体腔的肌肉，海参的内脏能从肛门中排出来。有时候，排出的内脏上还会附着一种特殊的黏性线状物，正如图中所见，这些东西会粘到靠近捕食的鱼脸上。令人吃惊的是，海参之后会毫不费力地生出新的内脏来。

螃蟹杀手

星鲨

星鲨名字的由来是因为身上长有小星星状的白色图案。对于一条以吃螃蟹度日的鲨鱼而言,强壮的颌骨比锋利的牙齿更重要。这种鲨鱼几乎不吃别的东西,它的牙齿已全无用来咬食的锋利边缘。相反,它的口腔中生有数排交错的小牙,这些牙齿就好像研磨机的表面,可以紧紧咬住螃蟹的壳,然后运用强有力的颌肌咬碎外壳,吃到蟹肉。

数据与事实

最大深度

米	100	200	300	400

350 米

星鲨在海底游动,在那里它最有可能找到自己最喜欢的猎物——螃蟹和龙虾。

食物

螃蟹占**56**%　其他甲壳类动物占**34**%　鱼类占**2**%

寄居蟹占**7**%　海参占**1**%

"星鲨成群结队地捕食,就好像**一群猎犬!**"

星鲨

有些星鲨背部布满明显的白色小星星图案,有些却不明显甚至没有。

第二个背鳍比第一个稍小

有缺口的长尾

宽而圆的嘴巴里长着数排用来粉碎硬物的小牙

长寿的狩猎者
白斑角鲨

白斑角鲨可能是海洋中最小的鲨鱼之一。尽管它体形小，却很凶猛。它们成群结队觅食，即便是遇到大型猎物也会毫不犹豫地扑上去。它的颌和牙齿可以像刀子一样切断肉。尽管白斑角鲨是非常活跃的捕食者，但它的生活节奏却很慢，而且寿命比很多体形更大的鲨鱼都要长。

"白斑角鲨经常**咬破渔网**吃掉渔民**捕获的猎物**"

大大的眼睛有利于在黑暗的深海中捕猎

每个背鳍的前方都有白色的毒刺

鳍上的刺

白斑角鲨名字的由来是因为它背鳍的前部生有短刺。这些刺的毒性不强，而且白斑角鲨必须得把背弓起来才能刺到攻击者。

背部的白色斑点

特征一览

腹部颜色比背部要浅

- **体形** 长0.7~1.6米
- **栖所** 近岸深海
- **分布** 北大西洋，北太平洋，靠近南美洲南部沿岸的海域，澳大利亚和新西兰
- **食物** 鱼类、乌贼、章鱼、螃蟹和水母

数据与事实

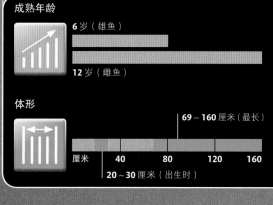

成熟年龄

6岁（雄鱼）

12岁（雌鱼）

体形

69~160厘米（最长）

厘米　40　80　120　160

20~30厘米（出生时）

75 岁 最长寿命纪录

22 个月 最长妊娠期

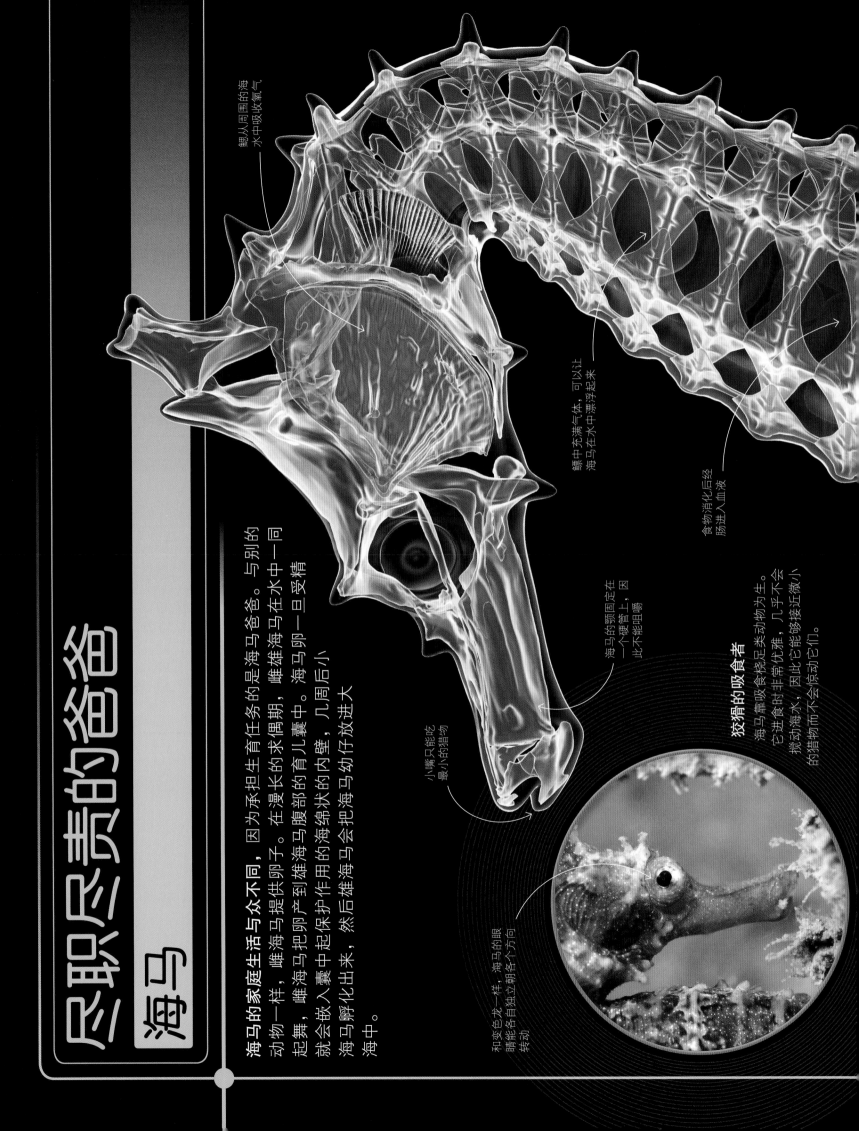

尽职尽责的爸爸

海马

海马的家庭生活与众不同，因为承担生育任务的是海马爸爸。与别的动物一样，雌海马提供卵子。在漫长的求偶期，雌雄海马在水中一同起舞，雌海马把卵产到雄海马腹部的育儿囊中。海马卵一旦受精就会嵌入囊中起保护作用的海绵状的内壁，几周后小海马孵化出来，然后雄海马会把海马幼仔放进大海中。

鳃从周围的海水中吸收氧气

鳔中充满气体，可以让海马在水中漂浮起来

食物消化后经肠进入血液

海马的颚固定在一个硬管上，因此不能咀嚼

小嘴只能吃最小的猎物

和变色龙一样，海马的眼睛能各自独立朝各个方向转动

狡猾的吸食者

海马靠吸食挠足类动物为生。它进食时非常优雅，几乎不会搅动海水，因此它能够接近微小的猎物而不会惊动它们。

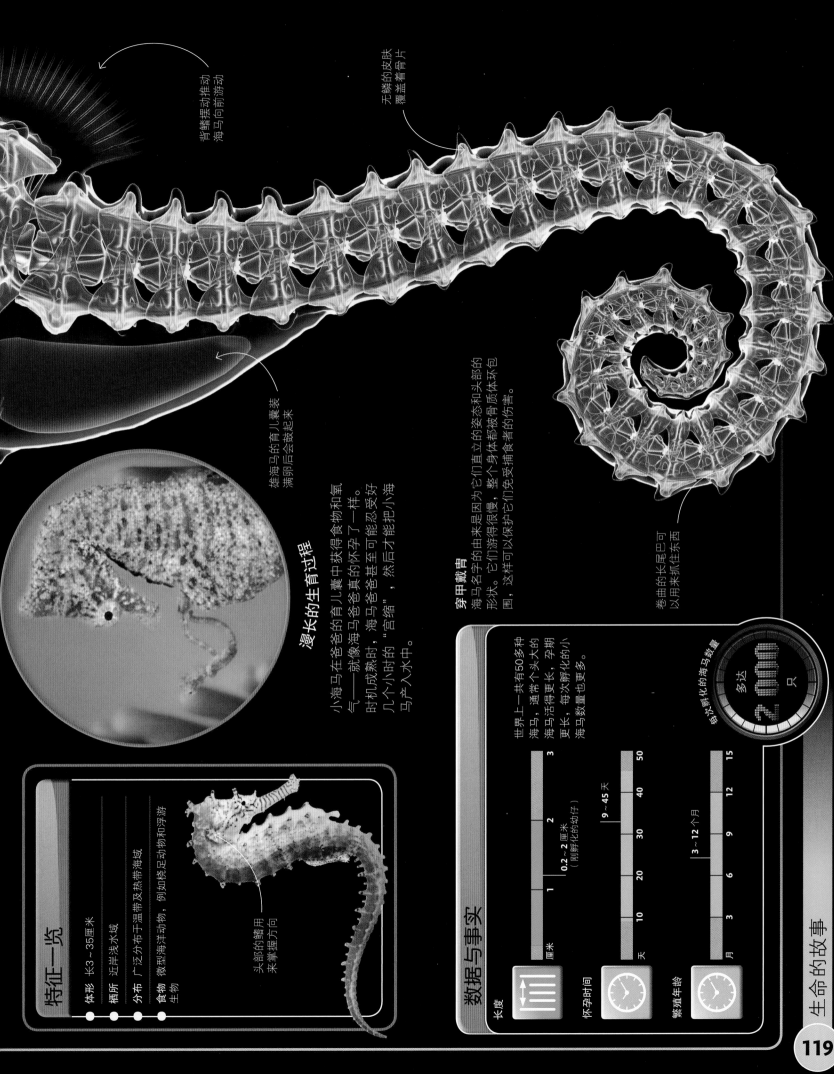

背鳍摆动推动海马向前游动

无鳞的皮肤覆盖着骨片

雄海马的育儿囊装满卵后会鼓起来

卷曲的长尾巴可以用来抓住东西

漫长的生育过程

小海马在爸爸的育儿囊中获得食物和氧气——就像海马爸爸真的怀孕了一样。时机成熟时，海马爸爸甚至可能忍受好几个小时的"宫缩"，然后才能把小海马产入水中。

穿甲戴胄

海马名字的由来是因为它们直立的姿态和头部的形状。它们游得很慢，整个身体都被骨质环包围，这样可以保护它们免受捕食者的伤害。

特征一览

- 体形　长3~35厘米
- 栖所　近岸浅水域
- 分布　广泛分布于温带及热带海域
- 食物　微型海洋动物，例如桡足动物和浮游生物

头部的鳍用来掌握方向

数据与事实

世界上一共有50多种海马，通常个头大的海马活得更长，孕期更长，每次孵化的小海马数量也更多。

长度
厘米　1　2　3
0.2~2厘米（刚孵化的幼仔）

怀孕时间
天　10　20　30　40　50
9~45天

繁殖年龄
月　3　6　9　12　15
3~12个月

每次孵化的海马数量
多达 2000 只

生命的故事

长着斑纹的吸食者

豹纹鲨大部分时间都慢悠悠地围着珊瑚礁游动。豹纹鲨通过吸食海底动物来填饱肚子。它们可以把猎物从沙子中吸到嘴里。

换装者

豹纹鲨

第一位描述这种鲨鱼的科学家当时手头仅有一条长着斑马条纹的幼鲨，豹纹鲨（英文名为"zebra shark"）由此得名。随着幼鲨越长越大，皮肤上的图案会发生变化，条纹会被豹子身上那样的斑点所代替。刚出生的豹纹鲨非常引人注目，身体是鲜明的黑色，黑色上长着白色的细条纹。这些条纹很可能用于保护自己，因为捕食者会把它们当成长着条纹的海蛇，海蛇毒性非常强。如果确实如此，这可能是鲨鱼模仿另一种动物外形的唯一例子。

特征一览

- **体形** 长 1.45 ~ 2.35 米
- **栖所** 接近海底的热带浅水中，尤其是在珊瑚礁和沙岸上，有时会进入低盐度水域
- **分布** 红海、印度洋及西太平洋的近岸水域
- **食物** 海螺、小鱼、螃蟹、虾和海蛇

数据与事实

幼年豹纹鲨在身长长到出生时的大约三倍时，皮肤上的条纹开始变成斑点。

体形

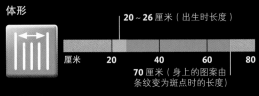

20 ~ 26 厘米（出生时长度）

厘米 20　40　60　80

70 厘米（身上的图案由条纹变为斑点时的长度）

巡游深度

米 20　40　60　80

0 ~ 62 米

最长寿命

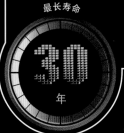

30 年

生有毒刺的魔鬼

鬼鲉

在颜色鲜艳的珊瑚礁上几乎很难发现鬼鲉，有时它们会把半个身子埋进沙里。鬼鲉用像腿一样的鳍在海底爬行，它会非常安静地等待猎物靠近，然后张着大嘴扑过去。它什么都不怕，因为它的背上竖立着毒刺。如果有鲨鱼傻乎乎地想抓它，会得到致命一击。这些危险的毒刺甚至可以使人丧命。

特征一览

- **体形** 18~25厘米

- **栖所** 珊瑚礁、潟湖，有时会在河口附近——通常在沙子或淤泥上面，常常把自己埋起来以免被发现

- **分布** 东印度洋和西太平洋，从中国南部到澳大利亚

- **食物** 小鱼、小虾和螃蟹

数据与事实

毒刺长度

| 厘米 | 1 | 2 | 3 | 4 | 5 |

3~4.5厘米（最长）

鬼鲉的毒刺形成了背鳍的一部分，这些毒刺在受到威胁时会竖起来。

胸鳍宽度

| 厘米 | 5 | 10 | 15 | 20 | 25 |

15~22厘米（最宽）

毒刺的数量

多达

17

根

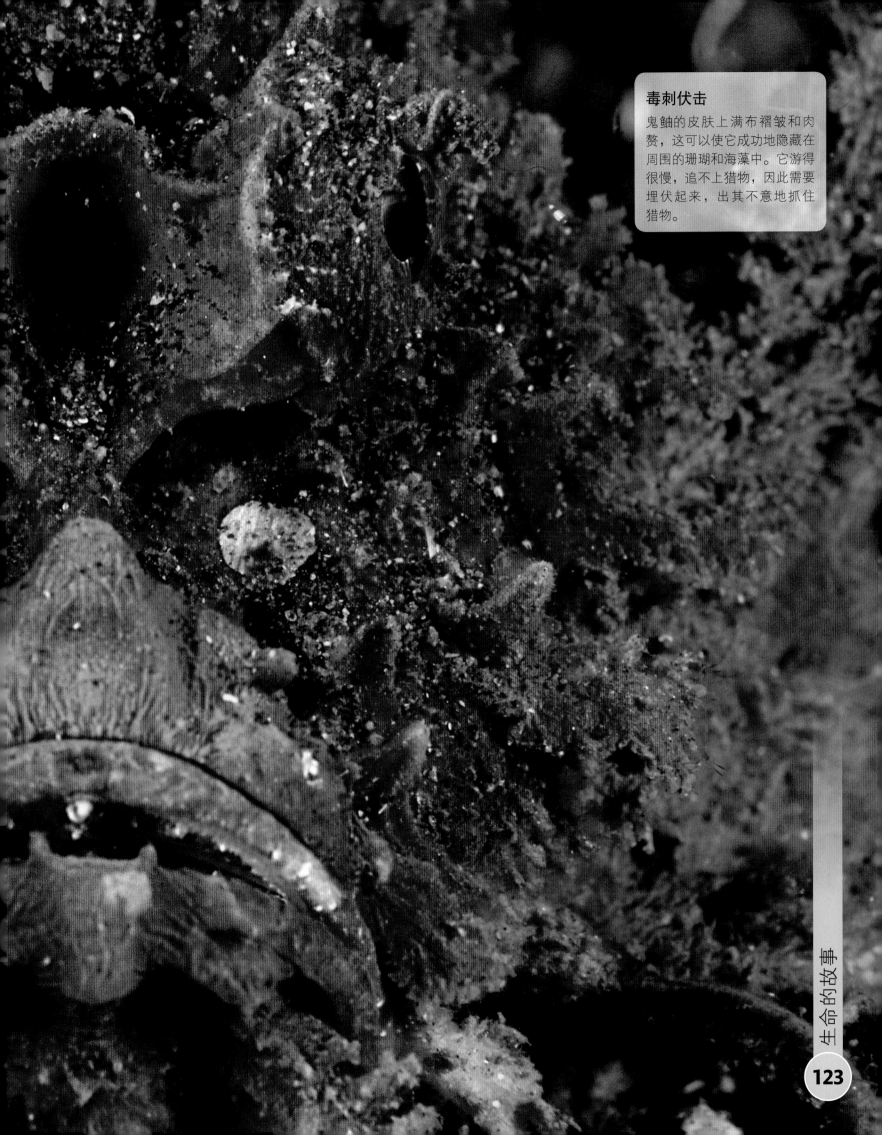

毒刺伏击

鬼鲉的皮肤上满布褶皱和肉赘，这可以使它成功地隐藏在周围的珊瑚和海藻中。它游得很慢，追不上猎物，因此需要埋伏起来，出其不意地抓住猎物。

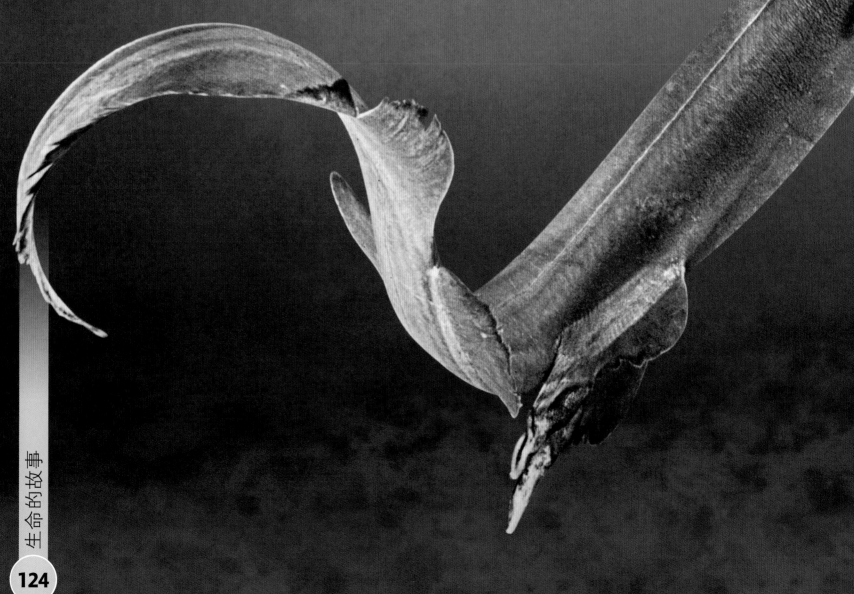

活化石
皱鳃鲨

这种深海怪兽看上去不像鲨鱼, 更像一条神秘的海蛇。皱鳃鲨所属鲨鱼种类的起源可追溯到恐龙时代。皱鳃鲨很多方面都很奇特:它的脊柱是不完整的,因此它的背部由一个弹性的棒状物支撑;它有6个鳃裂,而大部分鲨鱼只有5个;它的头看上去很像蜥蜴;它宽大的口腔里有几百颗像针一样尖锐的三角形牙齿,即使是光滑的乌贼也能被它咬断。

特征一览

- **体形** 长1.3~2米
- **栖所** 深海,通常靠近大陆
- **分布** 主要分布于太平洋、大西洋
- **食物** 鱼类(包括其他鲨鱼)和乌贼

数据与事实

和大部分鲨鱼一样,皱鳃鲨也是胎生。但是,它们的妊娠期是所有动物中最长的。

游泳深度

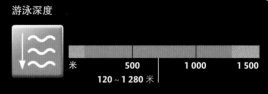

米　　　500　　　1 000　　　1 500

120~1 280 米

每次产仔数量

0　　　5　　　10　　　15

2~12 条

幼鲨出生时的长度

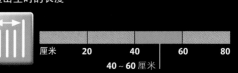

厘米　20　　40　　60　　80

40~60 厘米

妊娠期

年

皱皱巴巴的脸

皱鳃鲨名字的由来是头下方的鳃裂边缘带有褶皱,这些褶皱形成了一个颈圈。这种奇特的鲨鱼喜欢待在深海,平时很少见,人类对它也缺乏研究。

最有奉献精神的妈妈

章鱼

章鱼的一生是短暂的，有时还活不到一年。但是它们要用多达两个月的时间来养育一个大家庭。章鱼妈妈大约一次要产25万粒卵，这些卵连成一串从岩石上垂下来。产卵后，章鱼妈妈放弃捕食，集中精力照顾自己的卵，保护它们免受伤害。小章鱼出生后，章鱼妈妈往往因为饥饿而非常虚弱，有时甚至会死去。

头部生有重要器官

发达的眼睛在水下看得很远

出行
章鱼用8条肌肉发达的腕足在海底爬行。在逃生时，它会借助漏斗喷水的推动力快速游行。

头部生有很大的大脑

尖锐的嘴

章鱼的嘴是身体中唯一坚硬的部分，位于身体中心，很坚硬，可以咬碎大部分猎物，包括硬壳的螃蟹和龙虾。

特征一览

体形	腕长1.5~3米
栖所	岸边多岩石的水域
分布	大西洋、印度洋和西太平洋、地中海
食物	螃蟹、小龙虾、牡蛎和其他贝壳类动物

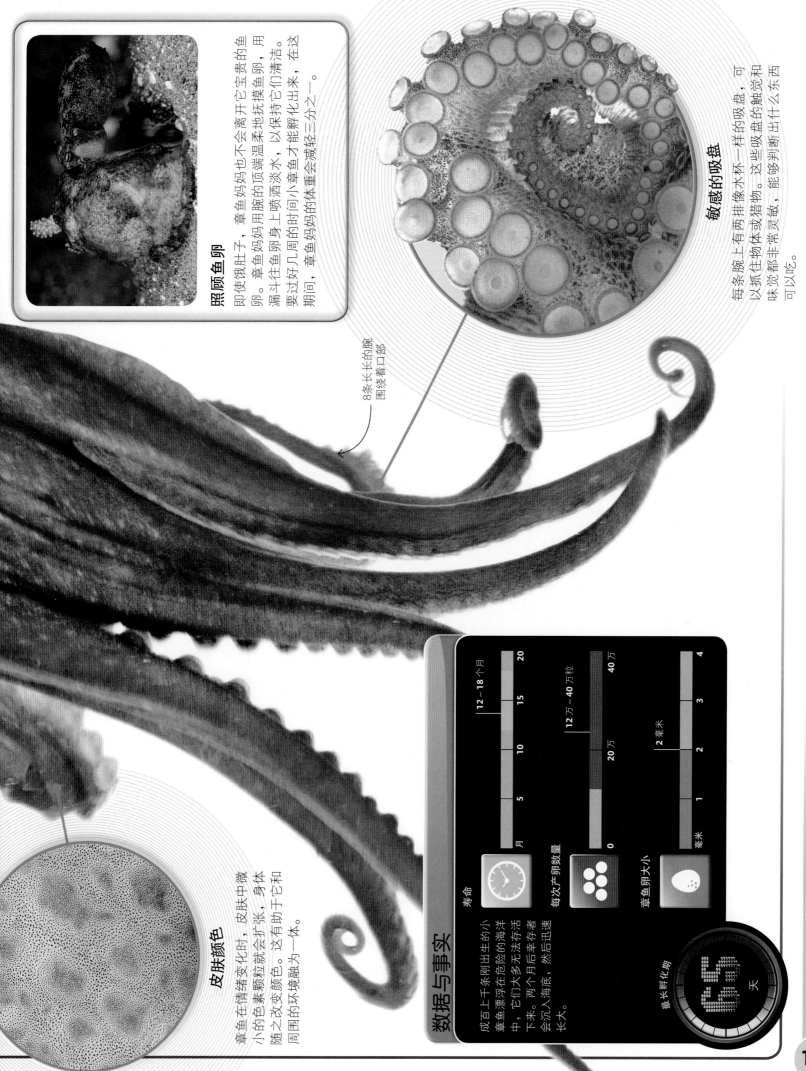

照顾鱼卵

即使饿肚子，章鱼妈妈也不会离开它宝贵的鱼卵。章鱼妈妈用腕的顶端温柔地抚摸鱼卵，用漏斗往鱼卵身上喷洒淡水，以保持它们清洁。要过好几周的时间小章鱼才能孵化出来，在这期间，章鱼妈妈的体重会减轻三分之一。

敏感的吸盘

每条腕上有两排像水杯一样的吸盘，可以抓住物体或猎物。这些吸盘的触觉和味觉都非常灵敏，能够判断出什么东西可以吃。

8条长长的腕围绕着口部

皮肤颜色

章鱼在情绪变化时，皮肤中微小的色素颗粒就会扩张，身体随之改变颜色。这有助于它和周围的环境融为一体。

数据与事实

成百上千条刚出生的小章鱼漂浮在危险的海洋中，它们大多无法存活下来。两个月后幸存者会沉入海底，然后迅速长大。

寿命	12～18个月	5	10	15	20
每次产卵数量	12万～40万粒	20万		40万	
章鱼卵大小	2毫米	1	2	3	4 毫米

最长孵化期 65 天

生命的故事

搁浅的幸存者

长须鲨

这条鲨鱼避开开阔海域，终其一生在澳大利亚温暖的海岸边度过。白天很难见到它的踪迹，因为它藏在洞穴里和岩石下，到了晚上它会出来捕食珊瑚礁上的小动物。长须鲨的视力很好，如果遇到危险，它会把脆弱的眼球收回去，用厚重的眼皮盖上眼球。退潮时，如果它被困在了岩石间也没关系，因为即使离开水它也能活很长时间。

特征一览

- **体形** 长1~1.2米
- **栖所** 多岩石的海岸，珊瑚礁和海草丛中
- **分布** 澳大利亚东海岸
- **食物** 小鱼、乌贼、螃蟹和海葵

数据与事实

长须鲨离开水后会眯起眼睛，这样可以防止眼球变干，从而起到保护眼球的作用。

眼睛大小

厘米　0.5　　1　　1.5　　2

长 1.5~1.8 厘米

游泳深度

110 米（最大深度）

米　　50　　100　　150

0~73 米（通常深度）

最长离水时间

12

小时

感知猎物

尽管视力正常，长须鲨也会利用头部前面的感觉器官——触须在海草和珊瑚礁中感知、寻找小型猎物。

洞穴钻机

异康吉鳗

在浅海中，一群异康吉鳗（又叫花园鳗）从沙堆中探出身来，看上去更像是花园里遍地发芽的芦苇。它们浮在水中捕食游过的小动物，但是尾巴却紧紧抓住它们的洞穴，一旦受到威胁，它们会迅速缩回沙子里。长长的身体让异康吉鳗可以够得着洞穴附近的任何东西，因此它们很少冒险离开洞穴。

特征一览

- **体形** 长30～121厘米
- **栖所** 沿海水域，成群栖息在珊瑚沙中
- **分布** 东印度洋和西太平洋中种类最多
- **食物** 小型生物

数据与事实

异康吉鳗把身体从洞穴里伸出来，只留下四分之一在洞穴里。异康吉鳗会在相邻洞穴之间留出足够远的距离，以避免争抢食物。

相邻洞穴之间的距离

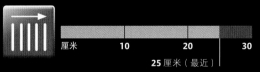

厘米	10	20	30

25 厘米（最近）

异康吉鳗现身的距离

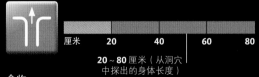

厘米	20	40	60	80

20～80 厘米（从洞穴中探出的身体长度）

食物

19%（微型软体动物）

66%（小虾）

15%（鱼卵和幼虫）

最大的群体

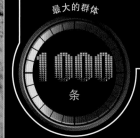

1000 条

时刻保持警惕

几十条异康吉鳗面朝带来大量浮游生物的洋流。如果有一条异康吉鳗发现危险退回洞穴中，其他异康吉鳗也会这样做。

洞穴巡游者
灰三齿鲨

坚硬如岩石的珊瑚礁上有很多藏身之处，但是一些饥饿的鲨鱼会尽力搜寻所有的缝隙。灰三齿鲨的皮肤特别坚硬，而身体又很苗条，因此能够到达岩石缝隙的深处。它的眼睛上方生有褶皱，这让它看起来总是很愤怒的样子，但也可以为它提供额外的保护。这种鱼晚上出来巡游，探索岩洞，寻找猎物，尤其擅长捕食海底动物。

特征一览

- **体形** 1.6~2米
- **栖所** 珊瑚礁附近清澈的海水中，常常在岩洞中休息
- **分布** 广泛分布于热带和亚热带
- **食物** 生活在海底的动物，包括鱼、章鱼、螃蟹和龙虾

数据与事实

巡游深度

8~40米（通常情况下）

| 米 | 100 | 200 | 300 | 400 |

330米（有记录的最大深度）

灰三齿鲨的活动范围很小，很少离开自己最喜欢的捕猎地点，它白天在水下的洞穴中睡觉。

游动时间

1~3小时（白天）

5~8小时（夜间）

离开巢穴距离

| 千米 | 1 | 2 | 3 | 4 |

0.3~3千米（1年内）

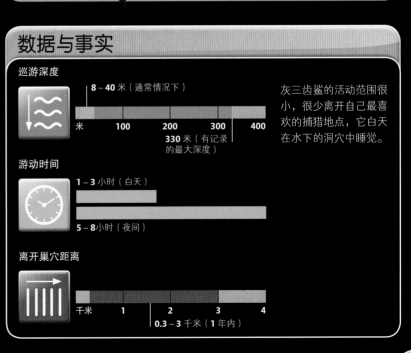

甲壳动物粉碎机
海獭

漂浮的宴会
当你肚皮朝上躺在水中时，要拿一只螃蟹做午餐可不是件容易的事儿，但是海獭可以做到。它们浮力很大，甚至可以把自己缠在海草中以防被水冲走。

蛤蜊或螃蟹的硬壳很难打碎，但对于一只饥饿的海獭来说，一小块岩石就是绝好的工具，可以帮它打碎硬壳，吃到里面的肉。海獭找到一只甲壳动物后会背朝下躺着，把猎物放在肚子上，然后用前爪抓住石块，用力敲击，直到硬壳破碎。这种方法非常好用，因此有些海獭甚至会随身携带一块岩石，放在腋下的皮囊中。在大海中捕食会非常寒冷，海獭厚厚的皮毛可以保暖，它的皮毛是哺乳动物中最浓密的。

特征一览

- **体形** 头部和身体长1~1.2米；尾巴长25~37厘米
- **栖所** 距离海岸1 000米以内的海域和浅海水域中
- **分布** 俄罗斯东北和北美洲的西部海岸
- **食物** 游动缓慢的鱼、海胆、螃蟹和软体动物

数据与事实

最大觅食深度

米　　　30　　　60　　　90

54米（雌海獭）　　　**82**米（雄海獭）

21 小时
每日觅食时间

敲击次数

6~88次（打开一只蚌）

0　　25　　50　　75　　100

36次（平均次数）

利用工具摄食的比例
高达
21
%

"有些海獭甚至有自己**最喜欢**的**石块**"

生命的故事

海中之狼

大青鲨

鲨鱼聚到一起集体行动时就是一支可怕的狩猎队。
大青鲨生活在开阔海域中，为了抓住它们最喜欢的
猎物——成群的鱼和乌贼，它们会使用和狼一样的
战术。成群的大青鲨游拢过来，围住一群鱼，鱼越
聚越密，然后大青鲨冲入鱼群，嘴里塞满猎物。与
礁鲨相比，大青鲨更喜欢温度低一点的水域，但是
它们的身影在世界各地的海洋中都可以见到。热带
海域的大青鲨会游入深海，因为那里的温度较低。

特征一览

- **体形** 长2.2~3.8米
- **栖所** 主要栖息于开阔海域，但偶尔会接近海岸线，年龄越小栖所离海岸越近
- **分布** 除最冷的北冰洋外的世界各海域，是分布最广的鲨鱼种类之一
- **食物** 主要以开阔海域的鱼和乌贼为食

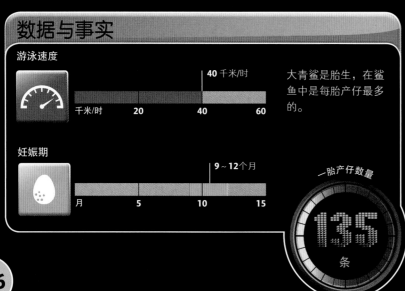

尾巴上窄窄的叶瓣

圆形长吻

数据与事实

游泳速度

40 千米/时

千米/时　20　40　60

大青鲨是胎生，在鲨
鱼中是每胎产仔最多
的。

妊娠期

9~12个月

月　5　10　15

一胎产仔数量

135
条

大海中的一抹蓝

大青鲨在大海中围捕磷虾群
时，身体的蓝色就是最好的伪
装。和其他鲨鱼一样，大青鲨
腹部是白色的，如果从下往上
看，因为阳光的作用，是看不
到它的。

"大青鲨**迁徙**
距离很远，可达
9 200 千米"

超级 "手"
蠵龟

特征一览

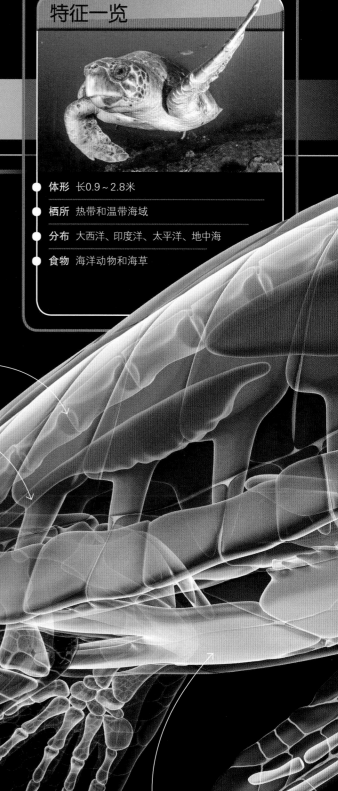

体形 长0.9～2.8米

栖所 热带和温带海域

分布 大西洋、印度洋、太平洋、地中海

食物 海洋动物和海草

有不同种类的龟生活在淡水和咸水中。 生活在海里的龟比生活在陆地上的龟要大得多。海龟没有腿，取而代之的是巨大的像桨一样的鳍状肢。这种鳍状肢非常适合游泳，因此它们大部分时间都生活在海里。所有的龟都是卵生的，因此，即便是海龟也得到陆地上产卵，每次产卵可达100多枚。

小海龟从皮革般的圆形卵囊中孵化出来

背壳有些接近心形，由角质盾片构成

卵巢一次能产200枚卵

奔向大海

蠵龟把卵埋在远离潮水的沙滩上。龟卵孵化后，小海龟不得不自己从沙子里爬出来，然后摇摇摆摆地尽可能快地跑向大海。

腹壳比较扁平，盾片也要少一些

每个后鳍状肢上有两三个爪子

后鳍状肢用来游泳和挖掘巢穴

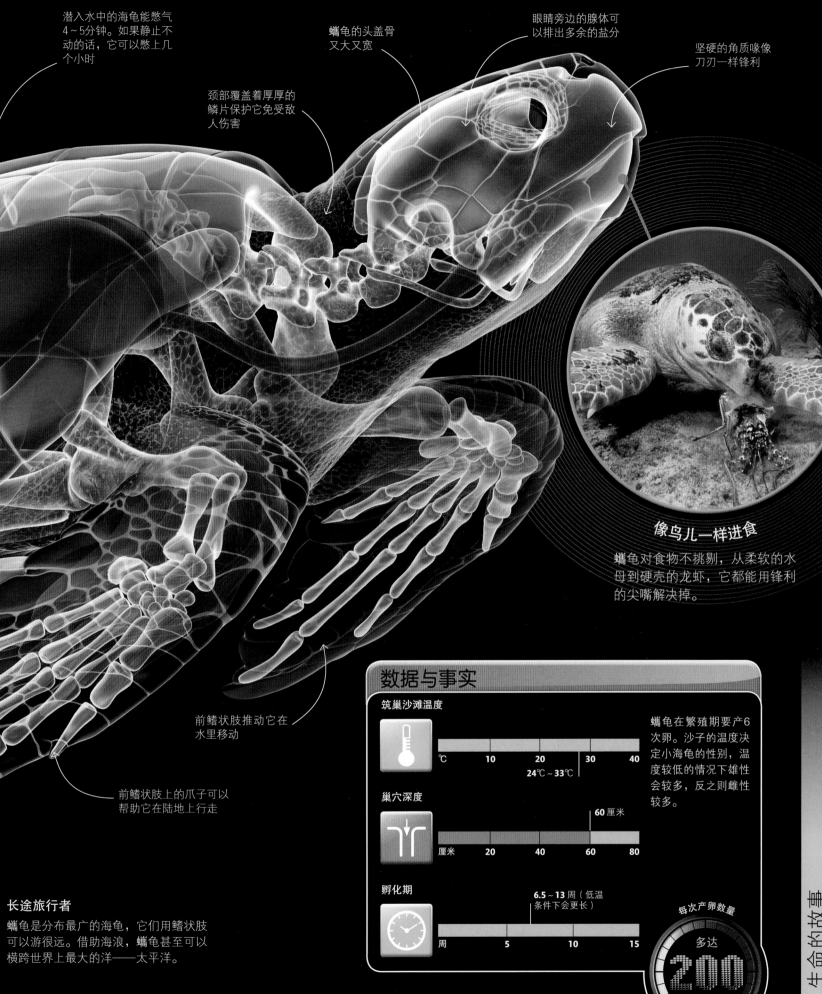

潜入水中的海龟能憋气4~5分钟。如果静止不动的话，它可以憋上几个小时

颈部覆盖着厚厚的鳞片保护它免受敌人伤害

蠵龟的头盖骨又大又宽

眼睛旁边的腺体可以排出多余的盐分

坚硬的角质喙像刀刃一样锋利

像鸟儿一样进食

蠵龟对食物不挑剔，从柔软的水母到硬壳的龙虾，它都能用锋利的尖嘴解决掉。

前鳍状肢推动它在水里移动

前鳍状肢上的爪子可以帮助它在陆地上行走

长途旅行者

蠵龟是分布最广的海龟，它们用鳍状肢可以游很远。借助海浪，蠵龟甚至可以横跨世界上最大的洋——太平洋。

数据与事实

筑巢沙滩温度

| ℃ | 10 | 20 | 30 | 40 |

24℃ ~ 33℃

巢穴深度

60厘米

| 厘米 | 20 | 40 | 60 | 80 |

孵化期

6.5 ~ 13 周（低温条件下会更长）

| 周 | 5 | 10 | 15 |

蠵龟在繁殖期要产6次卵。沙子的温度决定小海龟的性别，温度较低的情况下雄性会较多，反之则雌性较多。

每次产卵数量

多达

200

枚

"怀孕的柠檬鲨每两年会回到同一个潟湖中产仔"

认识回家的路的鲨鱼
柠檬鲨

柠檬鲨在热带潟湖中过得安全而舒适。在巴哈马群岛的比米尼潟湖中，几十条怀孕的柠檬鲨聚在一起产仔，这里也是它们数年前出生的地方。幼鲨已在妈妈的身体里获取了营养，出生后它们会待在潟湖温暖的浅水中，把这里当成育儿所。长到足够大以后，它们会加入生活在沿岸较深水域的成年鲨群中。

特征一览

- **体形** 长2.5~3米
- **栖所** 浅海水域，包括珊瑚礁、红树林边缘、河口，可能会进入较深海域
- **分布** 美洲温带和热带海岸线，加勒比海及西非
- **食物** 以鱼类为主，包括其他鲨鱼，幼鲸，还会捕食螃蟹、虾和章鱼

黄色的身体上没有任何图案

数据与事实

在进入深海冒险之前，年轻的柠檬鲨会在潟湖的浅水育儿所待上8年。

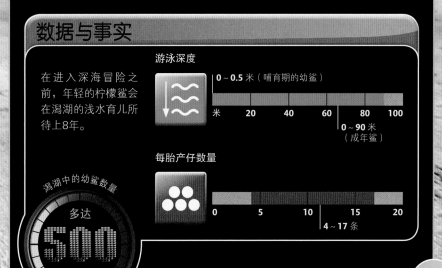

游泳深度

0~0.5米（哺育期的幼鲨）

| 米 | 20 | 40 | 60 | 80 | 100 |

0~90米（成年鲨）

每胎产仔数量

| 0 | 5 | 10 | 15 | 20 |

4~17条

潟湖中的幼鲨数量

多达 **500** 条

潟湖中的生活

温暖的浅海潟湖水底覆盖着白色的珊瑚沙，这里是柠檬鲨舒适的家园。这里不仅有丰富的食物——那些游过附近暗礁的鱼，而且还很安全。

海中帮派

柠檬鲨非常爱交际。在出生后的第一年，幼鲨在安全的育儿所中成长。长到两三岁时，它们更喜欢和自己年龄差不多的同性待在一起，并在这个群体中度过大部分时间。成群生活不仅可以保护它们免受大型捕食者的伤害，而且还有助于它们找到食物和伴侣。在晚上，这些鲨鱼帮经常在码头附近游来游去。

在海底
翅鲨通常更喜欢在栖所底部捕食。怀孕的雌鲨会迁徙到河口的浅水中或沿海堤坝附近产仔。

四处奔波的鲨鱼

翅鲨

你可能会在你想去游览的任何海域发现翅鲨：它们是分布最广的鲨鱼之一，无论在开阔海域还是近岸浅水，它们都过得很快活。它们更喜欢低温，在炎热的夏季会从温带水域迁徙到北极附近水域，或潜入温度较低的深海。它们游得很快，一天就能游出很长的距离。有些翅鲨一次迁徙的距离能达数千千米。

特征一览

- **体形** 长1.35～2米
- **栖所** 海岸附近的浅海，通常在海底
- **分布** 热带海域以外的温度较低的海域，主要靠近大陆和岛屿附近的海岸线
- **食物** 鱼类、乌贼和章鱼，幼鲨还会捕食虾、蠕虫和海螺

"翅鲨在夏天**游向南极和北极**，在冬天**游向赤道**"

数据与事实

有些翅鲨生活在赤道附近，但是在天气很热时会游入温度较低的深海。

距离

56 千米（每天游动距离）

千米	1 000	2 000	3 000

2 525 千米（有记录的最远迁徙距离）

游泳深度

米	200	400	600

0～550 米

最长寿命

60 年

在大海中睡上一觉

海象会在水下短时间小睡。海象的一对长牙是獠牙，用来向其他海象炫耀或在冰面上凿洞。

爱睡觉的动物
海象

"海象只需5分钟就能在水下睡上一小觉"

海象的睡觉方式在所有的动物当中是最奇特的。 在冰天雪地的北极地区，海象生活在冰冷的水中。一次捕鱼之旅海象要花费一周多的时间，因此它们一有机会就赶紧小睡。海象睡觉时，獠牙从冰面上垂下来，甚至可以完全没入水中。它们特别忙的时候，可以三天不睡觉，回到陆地上时才能补觉。数百只海象会在最喜欢的海滩上堆在一起小睡。

特征一览

- **体形** 长3~3.6米
- **栖所** 冰冷的北极海岸线和浮冰上，潜入浅水中
- **分布** 北极附近，南至北太平洋岛屿和大西洋上的格陵兰岛
- **食物** 以蛤蚌为主，但也会进食蠕虫、海螺、虾、螃蟹、海参和游动缓慢的鱼类

数据与事实

84 小时
最长不睡觉时间

19 小时
最长睡觉时间

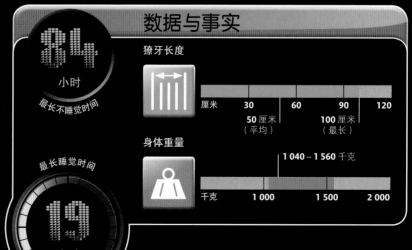

獠牙长度

厘米	30	60	90	120

50厘米（平均）　100厘米（最长）

身体重量

1 040~1 560 千克

千克	1 000	1 500	2 000

海中的蛇

海蛇

海洋中有很多动物看上去都像蛇，但是真正的海蛇是有毒的爬行动物。海蛇呼吸空气，尽管它们可以闭合鼻孔潜得更深一些，但必须待在海面附近。海蛇的尾巴形状像桨，帮助它们游动。大部分海蛇都是在水下生育小海蛇，这一点和其他海洋爬行动物不同，它们不必到陆地上去产卵。这使得海蛇成为唯一一种终生都在海中度过的爬行动物。

特征一览

- **体形** 长0.75~1.5米，有些种类会更长
- **栖所** 温暖的近岸浅水中
- **分布** 热带印度洋和太平洋沿岸，澳大利亚附近种类最多
- **食物** 以鱼类为主，有些海蛇仅吃某些特定种类的鱼，只有一种海蛇专吃甲壳类动物和软体动物

数据与事实

游泳深度

米	40	80	120

100米（最深）

毒牙长度

毫米	2	4	6	8

0.6~4毫米

30
条
最多产仔量

2
小时
水下最长停留时间

危险的条纹
海蛇身上的环形条纹图案很醒目，这是在警告捕食者离它远点儿。尽管很多海蛇没有攻击性，但是它们都有很强的毒性，有些能使人丧命。

"**一滴**海蛇
毒液足以
夺去3个人
的生命"

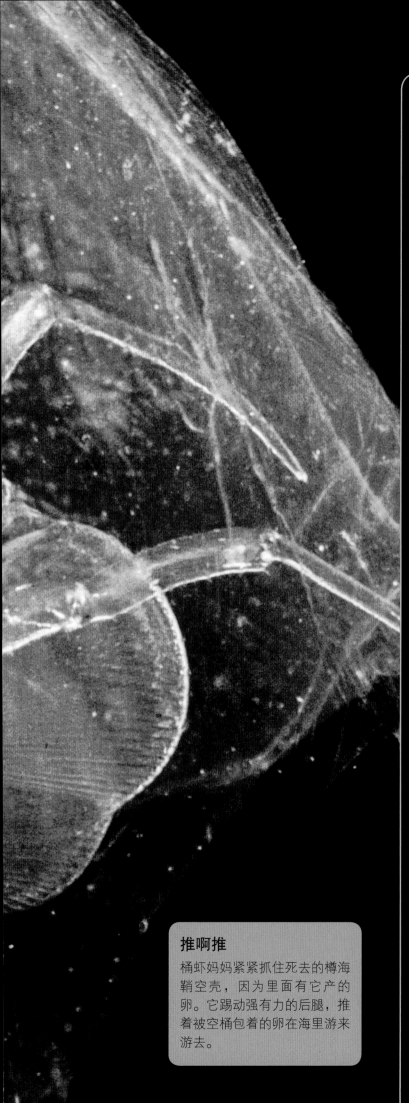

移动育儿所

桶虾

这里是一个令人恐惧的家庭环境。 开阔海域中大部分动物妈妈都会把自己的卵产在水里，让自己的孩子自生自灭。但是桶虾妈妈却把自己的猎物当作育儿车。桶虾妈妈捕一只圆滚滚的叫作樽海鞘的软体动物，把它的内脏全部啃掉，只剩下一个桶状的外壳。桶虾妈妈把自己的卵产到这只空桶里面，游到哪儿推到哪儿，直到小桶虾孵化出来。

特征一览

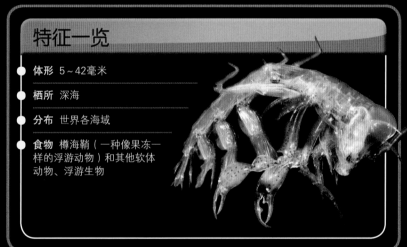

- **体形** 5～42毫米
- **栖所** 深海
- **分布** 世界各海域
- **食物** 樽海鞘（一种像果冻一样的浮游动物）和其他软体动物、浮游生物

数据与事实

桶虾将卵产在内脏柔软得足以将其刮干净的猎物体内，樽海鞘是它们的首选。有时它们也会攻击小型水母和类似的动物。

所需时间

█ **5** 分钟（进入猎物）

10～60 分钟（吃掉猎物内脏）

桶的长度

厘米	1	2	3

2.4 厘米（平均）

最多的一次产卵数量

600
粒

推啊推

桶虾妈妈紧紧抓住死去的樽海鞘空壳，因为里面有它产的卵。它踢动强有力的后腿，推着被空桶包着的卵在海里游来游去。

"幼猫鲨利用它们**粗糙的皮肤撕裂食物**"

夜间捕猎者

小点猫鲨

在黑暗中捕猎对这头小鲨鱼而言不是问题。它敏锐的双眼能帮助它在欧洲的海域巡游，在那里它抓捕生活在近岸水域泥沙混杂的水底的小动物。它是欧洲海域中数量最多的鲨鱼。凡是能咬烂的猎物它都吃，包括鱼、螃蟹和乌贼。生有斑点的猫鲨在夜间非常活跃，白天则一动不动地在海底陡峭的岩石上或其他什么地方休息。

特征一览

- **体形** 长80～100厘米
- **栖所** 近岸海域中
- **分布** 大西洋东北部和地中海
- **食物** 鱼、蠕虫、虾和海螺

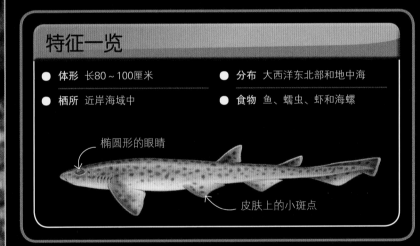

椭圆形的眼睛

皮肤上的小斑点

数据与事实

尽管猫鲨的眼睛不是特别大，但是非常适合夜间捕食。

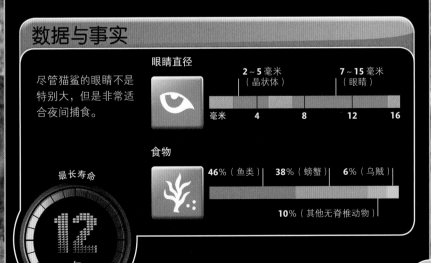

眼睛直径

毫米	4	8	12	16

2～5 毫米（晶状体）　　7～15 毫米（眼睛）

食物

46%（鱼类）	38%（螃蟹）	6%（乌贼）

10%（其他无脊椎动物）

最长寿命

12 年

猫眼猎手

大部分种类的猫鲨身体细长，皮肤上分布着斑点或其他图案。猫鲨名字的由来是它长在头两侧的椭圆形眼睛很像猫的眼睛。

"格陵兰睡鲨**游速太慢**，抓不住游动的海豹，只能抓捕**睡着**的海豹"

慢条斯理的鲨鱼
格陵兰睡鲨

在北极冰冷的海水中，格陵兰睡鲨的生活节奏很慢。它可能是海洋中游得最慢的巨型鱼类，游动的速度只有海豹的一半。它把尾巴从一侧转到另一侧需要7秒钟。因此，格陵兰睡鲨不能靠追逐捕猎。相反，它会"爬"向猎物，然后出其不意地抓住对方。令人吃惊的是，它们利用这种方法足以抓住一头措手不及的海豹，甚至一只海鸟。

特征一览

- **体形** 长2.5～7.3米
- **栖所** 冰冷的近岸海域中，温暖的季节会潜到较深一些的地方
- **分布** 北冰洋和北大西洋
- **食物** 鱼类（包括其他鲨鱼）、海豹、乌贼、螃蟹、水母和小海豚

数据与事实

生活在冰冷海水中的鲨鱼生长缓慢。格陵兰睡鲨的生长速度比生活在热带海域的某些鲨鱼要慢100倍。

重量

775 千克（最重）

千克　250　500　750　1 000

生长速度

每年 **1** 厘米（格陵兰睡鲨）

每年高达 **90** 厘米
（生活在温暖水域的居氏鼬鲨）

游泳速度

1.25～2.5 千米/时

千米/时　2　4

3 千米/时（海豹的典型速度）

栖息地的平均水温

?
℃

巨型食腐动物

格陵兰睡鲨什么肉都吃，有时会吃在浅水中找到的动物尸体。有人在格陵兰睡鲨的胃中居然发现过驯鹿的残骸。

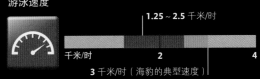

制造黏糊糊茧的工匠
鹦鹉鱼

鹦鹉鱼很好地利用了珊瑚礁，珊瑚礁不仅给它们提供食物，也是它们的栖身之所。鹦鹉鱼像鹦鹉一样的尖嘴能咬掉珊瑚礁。珊瑚柔软的有生命的部分营养非常丰富，而岩石般坚硬的部分在鹦鹉鱼体内被磨成沙子一样的东西后排出体外。晚上，鹦鹉鱼安稳地睡在珊瑚礁的缝隙中。在这里，有些种类的鹦鹉鱼能用嘴里吐出的一种特殊黏液制作床。它们还用黏液包裹自己的整个身体，形成茧一样的外壳。这也是一种额外的保护，可以使它们免受捕猎者的伤害。

特征一览

- **体形** 长0.3～1.3米（取决于品种）
- **栖所** 浅海和珊瑚礁中
- **分布** 世界各海域，主要在热带海域
- **食物** 珊瑚和海藻

数据与事实

吃掉的珊瑚重量

| 克 | 100 | 200 | 300 |

275 克（每天）

鹦鹉鱼吃掉的碎珊瑚中含有营养丰富的海藻，但是坚硬的像岩石一样的部分会在它们的身体内被磨碎后排出来。

每分钟啃食珊瑚的次数

| 0 | 10 | 20 | 30 | 40 |

1～35 次（比大鱼少，比小鱼多）

造茧花费时间

45-60 分钟

黏糊糊的屏障

黏液做成的茧把鹦鹉鱼隐藏起来,以躲避捕食者。它还可以保护睡眠中的鹦鹉鱼免受海洋昆虫(如在晚间侵扰它的鱼虱)的侵害。

爱家模范
乌翅真鲨

热带海洋里的一片珊瑚礁中到处都是生命，一条饥饿的鲨鱼根本不用游多远就能吃上一顿美食。在亚洲和大洋洲的热带海域中的珊瑚礁上，乌翅真鲨是很常见的捕食者。它执着地在一块有时面积不过两个足球场大小的区域内捕食。乌翅真鲨会连续几年守在自己最喜欢的礁石附近，只有怀孕的雌鱼在快要产仔时才会离开礁石。

特征一览

- **体形** 长1~2米
- **栖所** 热带浅海域中，尤其是珊瑚礁上
- **分布** 印度洋和西太平洋
- **食物** 鱼类、乌贼、虾和螃蟹

数据与事实

"家"的平均面积

平方千米 0.2　0.4　0.6　0.8

0.3~0.7平方千米

捕猎区域

0.009~0.13平方千米

平方千米 0.2　0.4　0.6　0.8

游泳深度

0~3米（幼鲨）　0~75米（成年鲨）

米　20　40　60　80

幼年乌翅真鲨待在水浅的潟湖中，长大后会游到深海中去。即便是成年乌翅真鲨，大部分时间巡游的领域也不过整个珊瑚礁的百分之一。在追逐猎物时，也仅限于从一小块捕猎区游到另一块捕猎区。

长着黑色记号的鲨鱼
乌翅真鲨因为尾和鳍上醒目的黑色斑纹成为最有特点的礁鲨。它竖起的背鳍经常会露出水面。

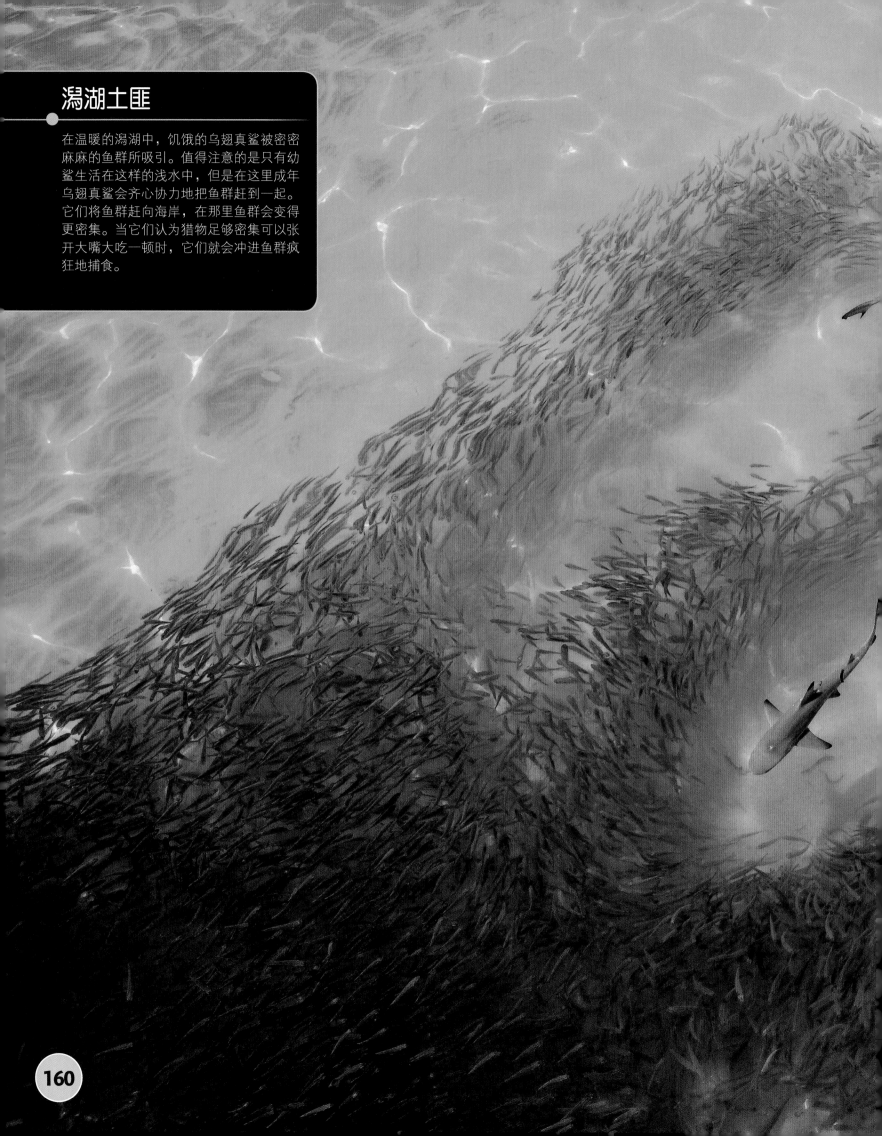

潟湖土匪

在温暖的潟湖中，饥饿的乌翅真鲨被密密麻麻的鱼群所吸引。值得注意的是只有幼鲨生活在这样的浅水中，但是在这里成年乌翅真鲨会齐心协力地把鱼群赶到一起。它们将鱼群赶向海岸，在那里鱼群会变得更密集。当它们认为猎物足够密集可以张开大嘴大吃一顿时，它们就会冲进鱼群疯狂地捕食。

"乌翅真鲨常常在仅 30 厘米深的水中游动"

超感知
能力

海洋中竞争激烈，因此，如果跟其他物种相比你有一点过人之处，那么会很有用。要么视力特别发达，要么嗅觉很厉害，要么擅长隐身……总之，一些海洋动物的特异功能确实惊人。

生有传感器的奇特脑袋
双髻鲨

很难想象，如果你也有双髻鲨那样宽广的视野的话，世界看起来会是什么样子的。但是，全方位视野不过是双髻鲨的传奇之一。它外形奇特的脑袋中长有传感器，在头部左右摆动时能帮它找到猎物。双髻鲨的头甚至可以帮助它游得更加轻快。

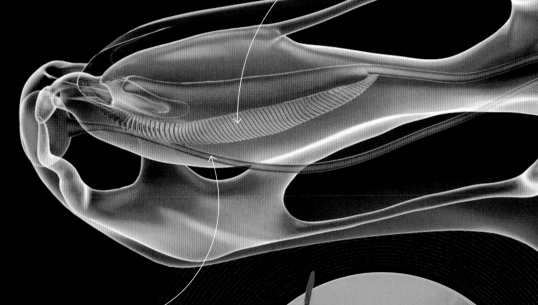

大大的嗅觉囊非常擅长分辨气味

长长的视神经把视觉信息从眼部传到大脑

特征一览

- **体形** 3.6～6.1米
- **栖所** 近岸海域，主要分布在珊瑚礁中
- **分布** 世界各地的热带和温带海域
- **食物** 很多鱼类，尤其是赤魟、石斑鱼和鲶鱼

鲨鱼试图抓住猎物

数据与事实

头部宽度

| 米 | 0.5 | 1 | 1.5 | 2 |

1～1.5米

双髻鲨的种类有十几种，它们的形状和大小各不相同，在热带和温带海域都有分布。有些种类的双髻鲨迁徙距离很长。

迁徙距离

| 千米 | 500 | 1 000 | 1 500 |

1 200 千米

最多的感觉孔的数量

3000

个

找到藏起来的食物

鲨鱼的头部就像一个金属探测器一样左右摆动，这样它锤状头部的前缘就可以接收到它最喜欢的躲藏起来的猎物——赤魟的信号。

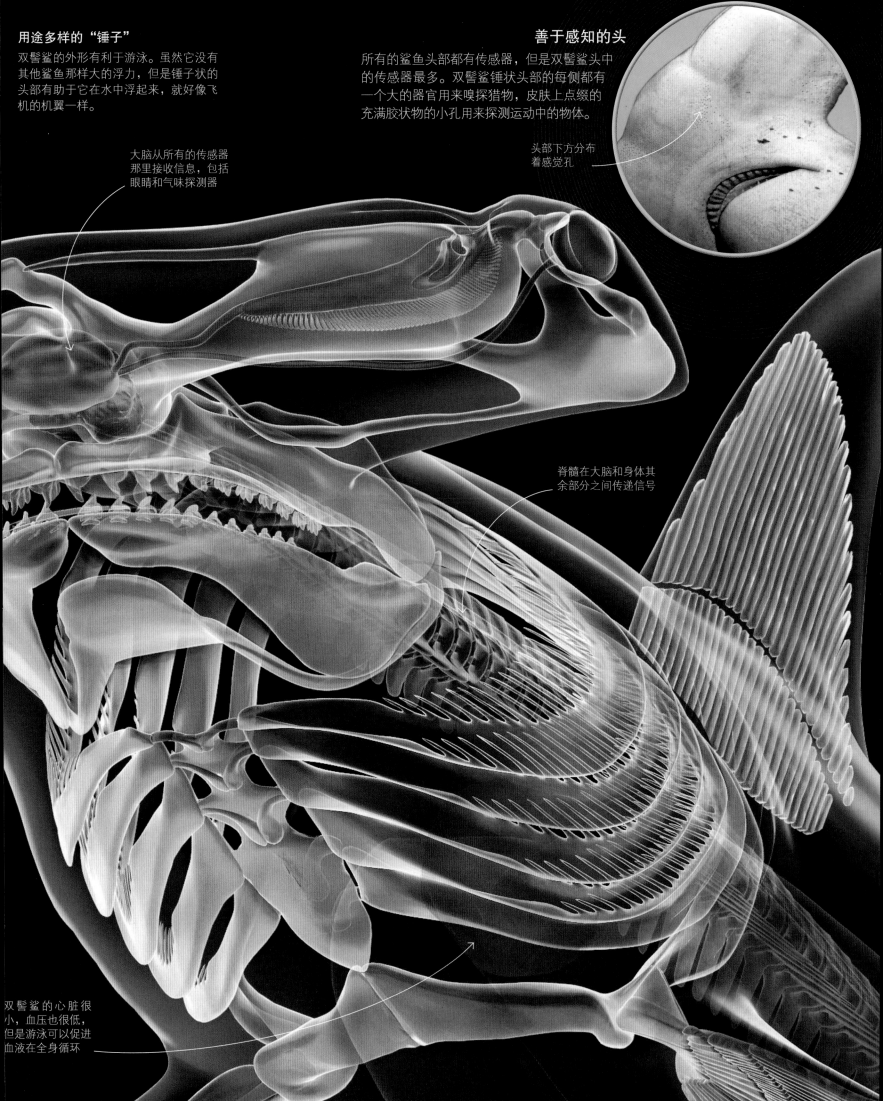

用途多样的"锤子"

双髻鲨的外形有利于游泳。虽然它没有其他鲨鱼那样大的浮力，但是锤子状的头部有助于它在水中浮起来，就好像飞机的机翼一样。

大脑从所有的传感器那里接收信息，包括眼睛和气味探测器

善于感知的头

所有的鲨鱼头部都有传感器，但是双髻鲨头中的传感器最多。双髻鲨锤状头部的每侧都有一个大的器官用来嗅探猎物，皮肤上点缀的充满胶状物的小孔用来探测运动中的物体。

头部下方分布着感觉孔

脊髓在大脑和身体其余部分之间传递信号

双髻鲨的心脏很小，血压也很低，但是游泳可以促进血液在全身循环

撞来撞去的双髻鲨

双髻鲨群是世界上最大的鲨鱼群，在大海上随处可见。它们常常几百条聚集在一个地方。这些鱼群白天游到岸边，晚上潜入深海捕食。最大的双髻鲨群由幼鲨或雌鲨构成。双髻鲨有时会用吻彼此撞击——这可能是在攻击或求偶。

高效的猎手需要胜过自己的猎物一筹，例如拥有出色的捕食感应力或一件厉害的武器。锯鲨二者兼有。它的吻又尖又长，像锯子一样，皮肤很敏感，触须能探测周围的环境。当锯鲨感知到泥泞的海底有一条小鱼或一只螃蟹时，它会左右冲撞用牙齿咬伤猎物。

数据与事实

锯鲨的"锯子"实际上是吻延伸而成的。和其他种类的鲨鱼一样，锯鲨吻的皮肤上也布满了感觉孔。

"锯子"长度

厘米	10	20	30	40

12 ~ 35 厘米

触须长度

厘米	5	10	15	20

6 ~ 16 厘米

游泳深度

1 000 米（巴哈马锯鲨最深纪录）

米	300	600	900	1 200

40 米（通常情况下）

最大锯齿数量

80 个

特征一览

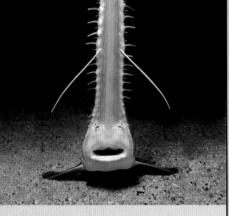

- **体形** 长62 ~ 170厘米
- **栖所** 近岸海域，通常靠近海底
- **分布** 巴哈马群岛、南非以及从日本到澳大利亚的西太平洋海域
- **食物** 小鱼、螃蟹、乌贼和虾

吻延伸成长长的鸟嘴状的"锯子"

侧面突出的尖齿用来刺破猎物

触须对触觉和味觉都很敏感

感知食物
锯鲨吻的两侧垂下来的感官触须对接触和压力都很敏感，甚至能感知海底泥沙中的猎物。

最聪明的软体动物
白斑乌贼

白斑乌贼是蜗牛和蛞蝓的远亲，但是它可能是无脊椎动物中最聪明的。它最近的表亲是鱿鱼和章鱼，和它们一样，乌贼也用腕来捕食，它的眼睛和人类的眼睛一样好用。乌贼的大脑特别大，这可能有助于它控制皮肤颜色的变化。它害怕、激动或愤怒时皮肤颜色会改变。

大眼睛有着特别的W形瞳孔

腕和触手上的吸盘用来抓捕猎物

虹吸管会向水中喷射墨汁以分散捕食者的注意力

身体边缘摆动的"裙子"像鳍一样帮助乌贼游动

海中变色龙
乌贼体内有一块坚硬的充满空气的乌贼骨，可以起到支撑和帮助其漂浮的作用。它的皮肤上分布着小小的色素囊，色素囊膨胀可以让它的皮肤改变颜色。

特征一览

- **体形** 身体长15~50厘米
- **栖所** 近岸海域，主要在海底的岩石或沙子上及海草中游动
- **分布** 太平洋、印度洋
- **食物** 各种无脊椎动物和鱼类

数据与事实

皮肤色素囊

20 000 个/平方厘米

个/平方厘米 10 000　　20 000　　30 000

5
种

皮肤中色素种类

用来学习的大脑所占比重

24% （乌贼）

13% （章鱼）

寿命

18-24
个月

超感知能力

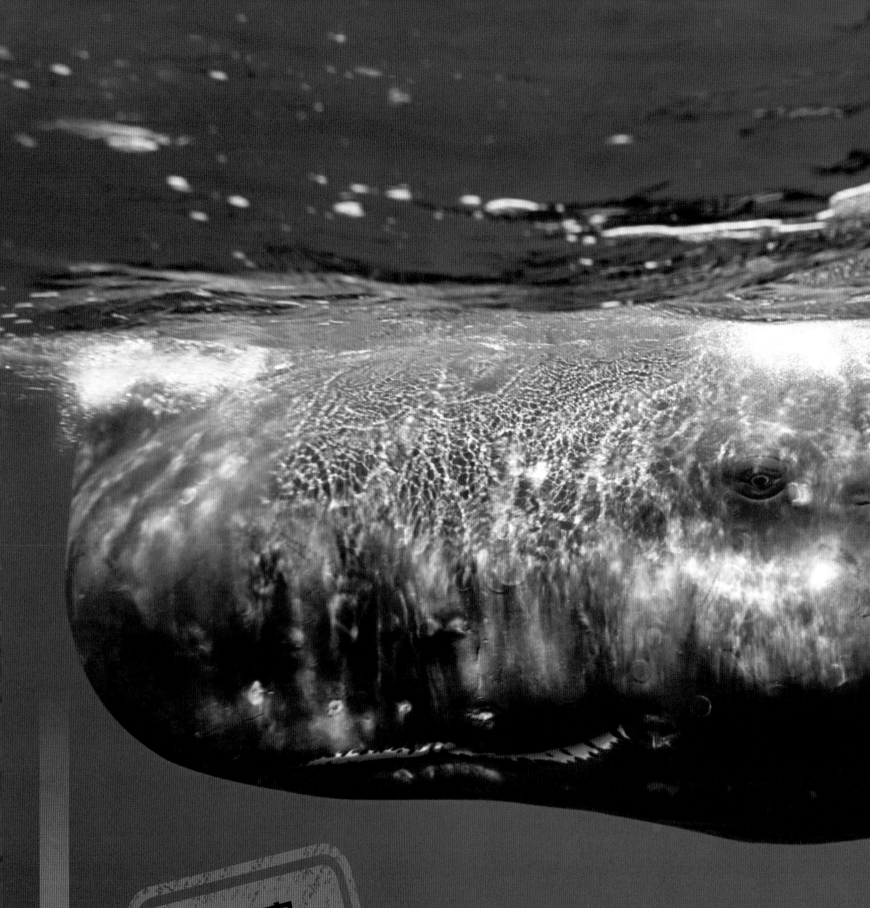

动物中
最大的大脑

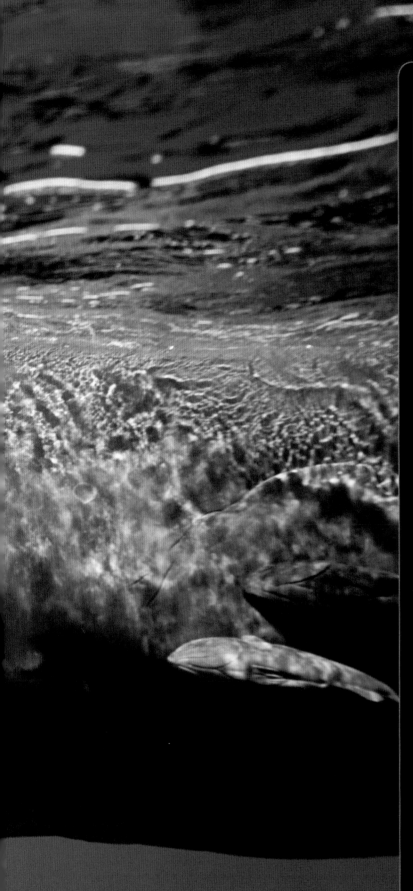

聪明的巨人

抹香鲸

抹香鲸是世界上最大的猎食动物，它的颌比一辆小汽车还要长，牙齿比一个甜筒都要大。抹香鲸能潜到海水深处，捕食巨型乌贼。与所有的猎食动物一样，抹香鲸需要足够聪明才能抓住猎物，就连蓝鲸（世界上最大的动物）的大脑也不如它的大。

特征一览

- **体形** 长11～20米；成熟雄鲸身长可达雌鲸的两倍
- **栖所** 开阔海域
- **分布** 世界各地的深海中，覆盖冰层的海域除外
- **食物** 以乌贼为主（包括巨型乌贼和大王酸浆鱿），但有时会捕食深海章鱼和鱼类

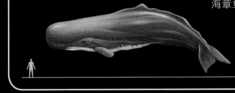

数据与事实

70 年

寿命

没有哪种靠肺呼吸的动物能像抹香鲸那样长时间屏住呼吸。抹香鲸潜水更深、时间更长，也就能发现更多猎物。

最长潜水时间

90 分钟

最大体重

吨	25	50	75

57 吨

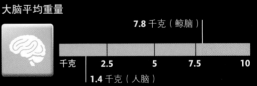

大脑平均重量

7.8 千克（鲸脑）

千克	2.5	5	7.5	10

1.4 千克（人脑）

潜水深度

2 250 米（最深）

米	1 000	2 000	3 000

400 米（通常情况下）

听力发达

抹香鲸巨大的头部充满鲸蜡油，鲸蜡油非常有利于声音的传导。抹香鲸可以发出一连串的咔嗒声，以此帮助它们联系同伴或定位猎物。

黑暗中的猎手
居氏鼬鲨

- **体形** 3~6米
- **栖所** 通常在靠近海岸的混浊的水中,尤其是在河口、潟湖和港口中
- **分布** 温带和热带海域
- **食物** 鱼类以及其他鲨鱼、海龟、海豹、海鸟、海豚、海蛇、乌贼、螃蟹、虾、海螺、水母和人类制造的垃圾

没有哪个动物的胃口能跟居氏鼬鲨相比。海龟、海鸟和其他鲨鱼,甚至人类、受伤的鲸鱼和破锡罐,都可能成为居氏鼬鲨的腹中之物。这种凶猛的捕食者晚上在海岸附近巡游,为了寻找食物常常冒险进入河口和港口。居氏鼬鲨常常单独行动,在黑暗浑浊的海水中捕猎易如反掌。

漂浮在水面上

居氏鼬鲨的肝脏很大,位于胃和肠的上方。居氏鼬鲨的肝脏含有大量油脂,可以让居氏鼬鲨在游动时漂浮起来。居氏鼬鲨的肠子里还有一个螺旋瓣,可以减慢食物消化的进度,这样它就可以尽可能多地吸收食物的营养。

肝
胃
肠子中的螺旋瓣

幼鲨全身长有条纹和斑点,这些条纹和斑点会随着成长而消失

尾鳍的上叶比下叶要大

暴食的居氏鼬鲨

居氏鼬鲨以无所不食而闻名。这很有用,尤其是在食物缺乏的情况下,但是这意味着它有时会吞下自己无法消化的东西。与大部分鲨鱼一样,居氏鼬鲨的肠子很短,因此骨头和其他坚硬的东西必须在胃里停留较长的时间或者被呕吐掉。

臀鳍让居氏鼬鲨在游动时保持平稳

腹鳍帮助居氏鼬鲨上下移动或突然停住

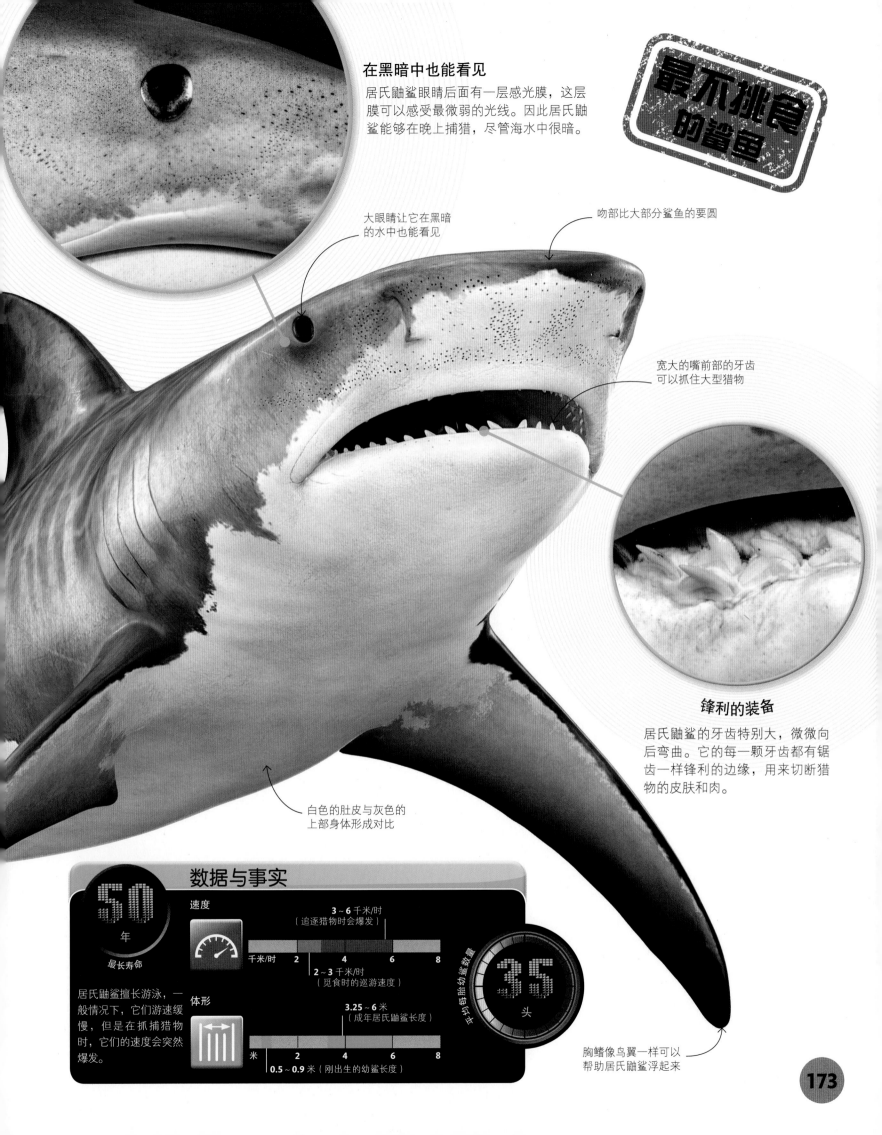

在黑暗中也能看见

居氏鼬鲨眼睛后面有一层感光膜，这层膜可以感受最微弱的光线。因此居氏鼬鲨能够在晚上捕猎，尽管海水中很暗。

大眼睛让它在黑暗
的水中也能看见

吻部比大部分鲨鱼的要圆

宽大的嘴前部的牙齿
可以抓住大型猎物

锋利的装备

居氏鼬鲨的牙齿特别大，微微向后弯曲。它的每一颗牙齿都有锯齿一样锋利的边缘，用来切断猎物的皮肤和肉。

白色的肚皮与灰色的
上部身体形成对比

数据与事实

50
年
最长寿命

居氏鼬鲨擅长游泳，一般情况下，它们游速缓慢，但是在抓捕猎物时，它们的速度会突然爆发。

速度

3～6 千米/时
（追逐猎物时会爆发）

千米/时　2　　4　　6　　8

2～3 千米/时
（觅食时的巡游速度）

体形

3.25～6 米
（成年居氏鼬鲨长度）

米　　2　　4　　6　　8

0.5～0.9 米
（刚出生的幼鲨长度）

25
头
平均每胎幼鲨数量

胸鳍像鸟翼一样可以
帮助居氏鼬鲨浮起来

"居氏鼬鲨
吃的人比大白
鲨还要多"

安全第一

很多鲨鱼靠视觉捕猎，因此它们在攻击猎物时需要保护好自己的眼睛——即便是一条脆弱的小鱼也可能给眼睛带来一记痛苦的抽打。居氏鼬鲨在攻击猎物时随着眼睛眨动，保护膜会自动遮住眼球，以防止挣扎的猎物给眼睛造成伤害。很多其他种类的鲨鱼没有这层保护膜，因此它们在进攻猎物时会将眼球向内翻转。

眼睛上的带状物

横跨虾蛄眼睛的带状物实际上是一排排的传感器。不同的传感器能够探测到移动和不同的颜色以及一些人眼看不到的光。

> **"虾蛄的两只眼睛各自独立运动和工作"**

非凡的视力

虾蛄

虾蛄需要好视力,它们用爪子闪电般粉碎或刺杀猎物,因此它们必须准确判断距离才能直接命中,致对方于死地。热带珊瑚礁表面色彩斑斓,明亮闪烁,这样一个世界很容易令人眼花缭乱。有些生物甚至长有透明的壳,这让它们更难被发现。但是虾蛄的眼睛有很多种不同的传感器,足以应对这些挑战,什么都能看得一清二楚。

特征一览

- **体形** 长35厘米(取决于种类)
- **栖所** 多泥沙和碎石的海底及珊瑚礁中,近岸浅水中
- **分布** 世界各海域,热带海域种类更多
- **食物** 海螺、鱼类、螃蟹和虾

数据与事实

不同眼睛的传感器能探测不同的颜色。虾蛄的光感受器的数量是人类的4倍。

视觉

12 个光感受器(虾蛄)

| 0 | 5 | 10 | 15 |

3 个光感受器(人类)

眼睛直径

0.5 ~ 1.75 厘米

| 厘米 | 0.5 | 1 | 1.5 | 2 | 2.5 |

眼睛转动角度

90

度

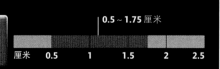

鬼鬼祟祟的杀手
扁头哈那鲨

靠近浑浊河口的近岸海域中, 光线昏暗模糊,因此很多海中捕食者很难捕到猎物,但对于扁头哈那鲨来说可不是这样。扁头哈那鲨喜欢这样的栖所:它正好可以偷袭猎物而不会被发现。这种鲨鱼捕食大型猎物,包括海豚和其他鲨鱼。它不具备长距离追逐所需的耐力,因此它会在发起攻击前从后方迅速接近猎物。有时几条鲨鱼会一起合作捕猎,给猎物以出其不意的一击。

"这条鲨鱼从水里**伸出头来,** 在接近海面的地方**给猎物定位**"

特征一览

- **体形** 长2.2~3米
- **栖所** 近岸海域、堤坝、河口,常常在浑浊的水中
- **分布** 太平洋、大西洋、印度洋温带海域
- **食物** 鱼类以及其他鲨鱼、海豹、海豚和腐肉

数据与事实

速度

5~22 千米/时
(捕猎速度)

千米/时 5 10 15 20 25

1.7 千米/时(巡游速度)

这种鲨鱼大部分时间都在缓慢游动,但是在进攻猎物时会快速移动。

游泳深度

米 200 400 600

0~570 米

估测最长寿命

50 年

融为一体

扁头哈那鲨身体上部是灰色的，这可以让它与自己最喜欢的捕猎地点的浑浊海水融为一体。其他鲨鱼大都有5个鳃裂，扁头哈那鲨有7个。

电击战术
电鳐

电鳐看起来就像一条无害的比目鱼，但是它有令人震惊的秘密武器。它的身体中有两个肥大的发电器官，可以通过周围的海水发射强电流。电鳐用自己的器官电击鱼类等猎物，但如果被激怒的话，它也会在受到威胁时使用这一武器。

特征一览

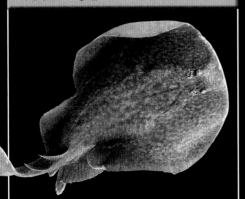

- **体形** 长50～180厘米；直径30～100厘米
- **栖所** 开阔海域或近岸海域。幼鱼生活在有泥沙的浅水中或珊瑚礁中
- **分布** 温带和热带海域
- **食物** 小鱼

肾脏形状的发电器官

胸鳍像翅膀一样围绕着身体，形成扁平的盘状

电击敌人

如果有什么东西抓住了电鳐的尾巴，它会弓起背，向攻击者的方向弯起白色的腹部，然后发射电流电击对方的脸。

弯曲身体可以让电鳐产生向外而不是向下的电流

直接电晕

电鳐的发电器官受大脑的直接控制。当电鳐发现一条毫无防备的鱼时，先慢慢绕着这条鱼游动，然后快速发射电流击中猎物。电鳐会包住猎物，然后将被电得晕头转向的猎物一口吞下。

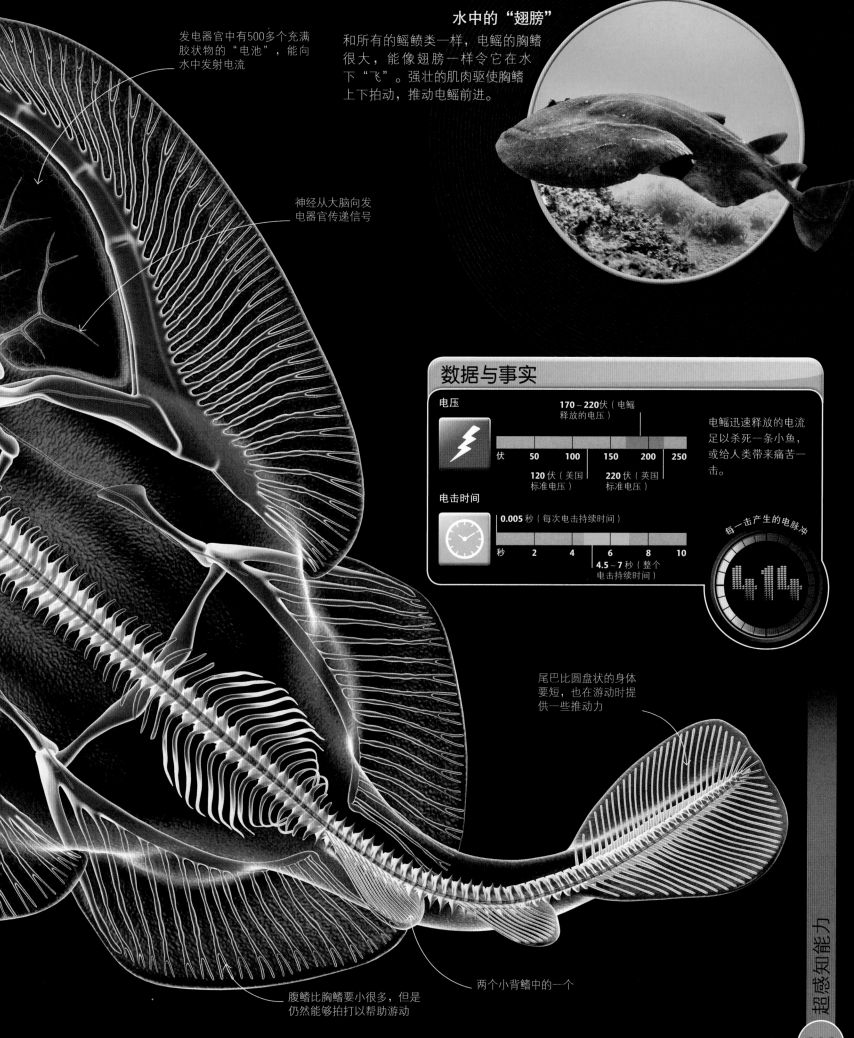

发电器官中有500多个充满
胶状物的"电池"，能向
水中发射电流

神经从大脑向发
电器官传递信号

水中的"翅膀"

和所有的鳐鲼类一样，电鳐的胸鳍
很大，能像翅膀一样令它在水
下"飞"。强壮的肌肉驱使胸鳍
上下拍动，推动电鳐前进。

数据与事实

电压					
			170 ~ 220伏（电鳐释放的电压）		
伏	50	100	150	200	250
	120伏（美国标准电压）		220伏（英国标准电压）		

电击时间

0.005秒（每次电击持续时间）

秒	2	4	6	8	10

4.5 ~ 7秒（整个
电击持续时间）

电鳐迅速释放的电流
足以杀死一条小鱼，
或给人类带来痛苦一
击。

每一击产生的电脉冲

尾巴比圆盘状的身体
要短，也在游动时提
供一些推动力

两个小背鳍中的一个

腹鳍比胸鳍要小很多，但是
仍然能够拍打以帮助游动

超感知能力

181

等待杀戮

锥齿鲨不仅能彼此合作高效捕猎，还能浮在水中一动不动，这是因为它们大口吸入海面上的空气使身体获得了更大浮力。

致命鱼群

锥齿鲨

哪里可能有食物，鲨鱼就会聚集在哪里，锥齿鲨常常一起合作来抓住捕猎机会。一大群锥齿鲨围绕着一群鱼游动，直到把鱼群包围，然后它们彼此越游越近，把猎物挤到一起。这时候它们会冲进鱼群大开杀戒，每一口都塞得满满当当。它们还会吃掉靠它们太近的其他鲨鱼和鳐鱼。

特征一览

- **体形** 长2.75~3.2米
- **栖所** 温带和热带海域，包括珊瑚礁和浅海湾中
- **分布** 除东太平洋之外的近岸温暖海域
- **食物** 鱼类，包括小鲨鱼和鳐鱼以及乌贼、螃蟹和龙虾

小眼睛　　　　　　　　　　大的尾鳍上叶

数据与事实

锥齿鲨在较温暖的近岸海域捕猎，寒冷的冬天它会游到赤道附近。

游泳深度

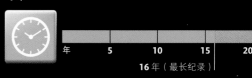

200 米（最深）

米　50　100　150　200　250

0~25 米（通常情况下）

寿命

年　5　10　15　20

16 年（最长纪录）

最大鱼群规模

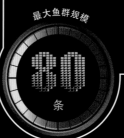

80

条

"锥齿鲨看上去**很凶**，其实它们更愿意**远离人类**"

可怕的微笑

在所有鲨鱼中，锥齿鲨露出的牙齿最多，而且看上去总是气势汹汹的。它的牙齿向前突出，游动时嘴巴微微张开。有些锥齿鲨牙齿上会有一种叫作水螅虫的小动物，这可能是因为长时间没有进食的原因。有些科学家认为雌性锥齿鲨在怀孕后会停止捕猎。

靠"听力"觅食

镰状真鲨

在广阔的大海中很难找到一餐像样的食物。但是，镰状真鲨根据声音就能做到。它能"听"到低音，尤其擅长捕捉比低音鼓还要低沉的隆隆声——很多鲨鱼聚到一起疯狂捕食或追逐猎物时发出的声音。在大海中，这声音说明附近正在举行一场杀戮盛宴。很多鲨鱼能感觉到水中的血腥，而镰状真鲨还会被其他鲨鱼进食的声音吸引过去，这样它们就能分一杯羹了。

特征一览

- **体形** 长2.3~3.3米
- **栖所** 温暖的水域，主要是开阔海域，常常在岛屿附近，幼鲨出现的水域会更靠近海岸
- **分布** 热带海域
- **食物** 鱼类和乌贼

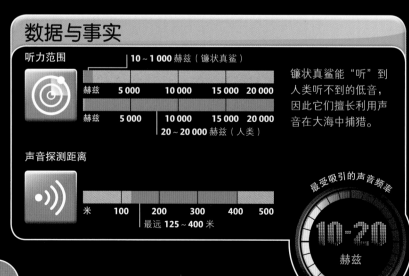

长而圆的吻

数据与事实

听力范围

10~1 000 赫兹（镰状真鲨）

| 赫兹 | 5 000 | 10 000 | 15 000 | 20 000 |

| 赫兹 | 5 000 | 10 000 | 15 000 | 20 000 |

20~20 000 赫兹（人类）

镰状真鲨能"听"到人类听不到的低音，因此它们擅长利用声音在大海中捕猎。

声音探测距离

| 米 | 100 | 200 | 300 | 400 | 500 |

最远 125~400 米

最受吸引的声音频率

10-20 赫兹

游泳高手

镰状真鲨的皮肤很光滑。一般鲨鱼身上的盾鳞很粗糙，镰状真鲨的盾鳞则要小得多，而且紧贴在皮肤上。

深海探索

海洋是地球上最后一大片还未探索的领域。我们对海浪下面藏了些什么几乎一无所知，更不要说那里有多少种物种，它们又是怎样生活的了。要了解这一切，唯一的方式就是潜入深海，接近它们——生活在那里的动物有些真的很吓人。

深海

地球各大陆的边缘由延伸到深海的岩石架构成。随着深度的增加，海水的颜色越来越深，压力越来越大。在海洋表层，靠近南北极的地方温度低，靠近赤道的地方温度高。但是深海的温度都很低。很多海洋动物生活在特定的深度，但也有一些在不同深度的区域间穿梭。

垂直迁移

漂浮的微小海洋生物是海洋浮游生物的一部分，它们聚集在不同深度的海水中。很多浮游生物为避开明亮的光线晚上才游到海面，白天又沉入海里。而以这些浮游生物为食的捕食者，如巨型滤食动物姥鲨就不得不随着它们在不同的层区间游来游去。

阳光照射区

敏捷且视力良好的捕食者一般在阳光明亮的海洋表层捕食。它们有些生活在靠近海岸的珊瑚礁上或鳗草里，但也有一些更喜欢在开阔的海面上游弋。

加勒比礁鲨在鳗草间游弋

微光区

这里光线太暗，海藻无法生存，但对于动物而言已足够了。罕见的皱鳃鲨和自己能发光的鱼在这个层区游来游去。

幽暗的微光区，皱鳃鲨在捕食鱿鱼

在层区内部

阳光照耀的海洋表层充满了丰富多彩的生命，动物不仅，而在海洋深处，动物更少，而且更奇特。深海动物需要具备与众不同的特征才能对付那里的寒冷和黑暗。

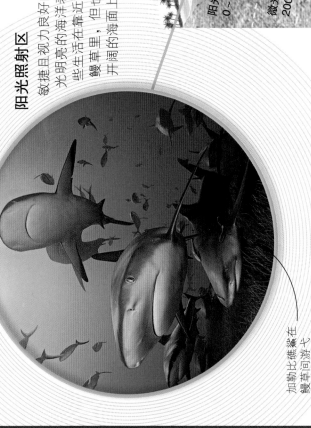

阳光照射区
0～200米

微光区
200～1000米

黑暗区
1000～4000米

生活在这里的动物，身体柔软，骨骼富有弹性，这可以应对海水的压力

海沟是海洋中最深的地方，那里几乎没有生命，但是人类已经乘着潜水器到过某些海沟。

深海层区
4 000~6 000米

黑又齿鱼的胃部弹性很大，能容纳比自己大两倍的食物

黑暗区

在海洋更深的地方永远是一片黑暗。黑皮鱼和大嘴巴的捕食者还在这里，比如这种橘黄色的小章鱼，它的鳍像耳朵，触手像鸭掌一样长着。

深渊

生活在海洋最深处的动物以其他动物沉淀下来的尸体碎片为食，但是黑又齿鱼却喜欢捕食活的猎物。它把猎物慢慢吞下，然后再紧紧卷入像麻袋一样的胃里，这样它在很长时间内就不用进食了。

这只深海章鱼用它长着蹼的触手裹着住猎物。

从光明到黑暗

大量的绿藻为海洋中的素食者提供了食物。海藻需要阳光来制造食物。阳光由不同颜色的光构成，大多数海藻更喜欢红色光带来的能量，但是红色光只能到达海水中较浅的地方，所以海藻和大部分海洋生物都生活在靠近海面的地方。阳光中的蓝色光在海洋中可以到达更深的地方，因此海洋呈现出蓝色。但是，光线在海洋中所能到达的最大深度超不过1000米。

紫 蓝 绿 黄 橙 红

30米

60米

90米

生活在社区中

珊瑚礁

珊瑚礁是海洋中生命最集中的地方。在这里，数百种珊瑚沐浴着热带的阳光生长，给数以千计不同种类的海螺、鱼和其他动物提供了栖所。有些生物靠啃食珊瑚为生，而另一些却是饥饿的捕食者。还有一些动物甚至形成了伙伴关系，为了生存它们相互帮助。

通力合作

有些动物为了生活得更容易而相互合作。这只虾可以除掉海鳝口中的食物残渣，在帮海鳝清洁牙齿的同时自己也可以饱餐一顿。

饥饿的虾很容易从海鳝那里获得食物残渣

捕猎场所

礁鲨周围有那么多猎物，根本不用游多远就能满足自己的好胃口。很多礁鲨能挤进岩石缝里去抓藏在那里的鱼。

水下花园

一片热带礁石可以像任何花园一样充满生机和色彩。海床上覆盖着各种珊瑚，海草和海绵的种类之多令人吃惊。珊瑚礁因为充满生机而被称为大海中的雨林。

数据与事实

体形

| | 平方千米 | 200 000 | | 400 000 | 600 000 |

600 000平方千米（地球上所有珊瑚礁的总面积）

358 000平方千米（大堡礁面积）

澳大利亚北部的大堡礁是世界上最大的礁体，甚至从外太空都能看到。在那里每年都会发现新的鱼类物种。

大堡礁

400 种（珊瑚）

1 500 种（鱼类）

礁石上的鲨鱼种类

120 种

潜水！潜水！潜水！
潜水器

20世纪60年代，一种叫作潜水器的潜水设备载着两名科学家潜入太平洋底马里亚纳海沟近11千米深处。直到今天，再也没有人潜过那么深的地方，但是世界各地不同的潜水器已经完成了数百次深海探索。潜水器经过改善后能经得起高压，让人类可以探索深海中的生命。

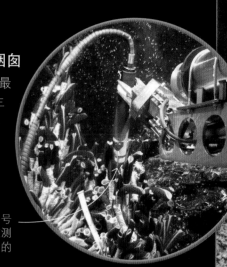

深海中的烟囱

科学家们乘"阿尔文"号——最著名的潜水器——首次看到了生活在水下高温的火山口（被称为黑烟囱）附近的奇怪动物。

"阿尔文"号的机械手在测量一座火山的温度

潜水服

现代的潜水服用质量很轻的铝制成，可以使潜水员潜入更深的地方，停留更长的时间。但是铝制潜水服不够结实，无法使潜水员到达载人潜水器到达的深度。

数据与事实

潜水器已经载人到达过海底，它们比鲸鱼潜入的深度还深，鲸鱼是潜水最深的哺乳动物。

深度

4 500 米（"阿尔文"号下潜的最大深度）

米	4 000	8 000	12 000

10 911 米（美国海军的"的里雅斯特"号下潜的最大深度）

下潜深度

2 992 米（海洋哺乳动物能潜到的最大深度）

米	1 000	2 000	3 000

332 米（水肺潜水的最大深度）

"阿尔文"号潜水次数

175 次/年

靠近

潜水

自由潜水者经过训练能在水下几分钟不呼吸,但是在合适设备的帮助下,可以待上一个多小时。水肺潜水者通过呼吸管从一个装满压缩空气的气瓶中呼吸空气。水肺装置让很多人体验到潜水的乐趣,也让科学家能够在水中停留足够长的时间来研究大海和海洋中的生命。

在铁栏杆后面

铁笼子的保护是唯一靠近大白鲨的安全方式。铁栏杆必须足够结实,才能抵挡得住大白鲨的冲撞。

公牛真鲨从一名戴着金属手套的潜水员手中获取美味食物

喂食时间

潜水员可以接近一些肉食性鲨鱼,甚至能喂它们一些食物。潜水员总是很小心,毕恭毕敬地对待这些动物。

灯光,摄像机,开拍!

水下拍摄可不容易。摄像机必须得防水,可能还得需要额外的光才能拍摄。最棘手的是得让你的拍摄对象合作,这样才能拍出最佳效果。

和巨人一起游泳

世界上最大的鲨鱼——鲸鲨是不会伤害人的滤食动物,它们待在离海面非常近的地方,潜水员可以在这些温和的巨鲨身边游动。

藏在深海中

沉船

海底大约有300万艘沉船，其中最古老的已经有3 000多年的历史了。海上事故导致船只沉没，低温和高盐度的海水防止了沉船腐烂。海洋中的生命迅速占据了沉船，珊瑚附着其中，鱼儿们也来了。随着时间的推移，很多其他物种也来到沉船安家，这个新的栖所挤满了各种海洋生物。

鲨鱼可以轻而易举地找到食物

食物丰盛易得

沉船残骸中的生命多种多样，吸引了想不费力气就能吃饱的大型捕食者。礁鲨在住满小型动物的沉船残骸边游来游去。

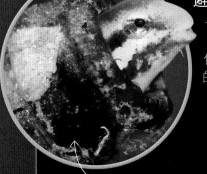

避难所

一艘沉船为海洋动物提供了避难所，让它们免受大型捕食者的追捕。动物们利用沉船的方式和它们利用自然界的洞穴和岩石缝隙的方式是一样的。

一个旧瓶子就是一个安全的家

在调查中

海洋生物学家对生物是怎样占据沉船的很感兴趣。考古学家利用沉船来研究多年前人类的生活方式和对大海的利用。

占领

海葵、藤壶和海胆是首批在沉船上安家的动物。一两年后，珊瑚开始生长，把海底沉船变成了一片珊瑚礁。

坠入无尽的黑暗
海底

海洋表面阳光闪烁，波涛翻滚，热带海洋还很温暖。
而在深海，太阳光无法到达，因此那里很黑而且比
冰箱里还要冷。海洋最深处生活着一些地球上最奇
特的动物。那里食物很少，因此鱼类为了节省体力
游得很慢。无论什么东西只要能捕到都可能是一顿
美食——即便这美味比自己还要大。

在黑暗中闪光

很多深海动物有特殊的发光器官，或
皮肤上有发光带。它们点亮自己
的"灯"来求偶或诱捕猎物。

巨大的管虫、螃蟹和
某些鱼类等生活在海
底热泉泉口附近

生命的温床

海底有些地方分布着火山，会喷涌出
很热的水，能在这种高温下存活的动
物以水中溶化的化学物质为食。

像嘴一样的囊帽
在食物漂浮进去
后就会合上

高压之下

有些动物，例如这个捕食性被
囊动物，附着在海底生活。它
会捉住"嘴巴"里的微型浮游
生物，而且和其他深海动物一
样有着柔软的身体，能够经受
得起极大的水压。

深海里的鬼

这头银鲛最喜欢在近岸海域生活，但是有时候也会沉入黑暗的深海中。在那里它大部分时间都沿着海底缓慢游动，寻找同样缓慢移动的猎物。它的嗅觉灵敏，能够探测到电场，这有助于它在黑暗中觅食。

帮助朋友

海牛是一种活动缓慢的哺乳动物，与船只相撞会让它们受伤。它们还会受到污染的伤害。科学家们记录海牛的数量，看它们是否需要格外保护。

持续监测
保护海洋

海洋看上去非常广阔，仿佛无边无垠，永恒不变。实际上，很多动物因为人类过度捕猎，数量都在减少。来自陆地的垃圾污染了海水，而且海洋中的生命还会受到气候变化的伤害。全世界各地的人们都在研究海洋，尽自己所能去保护生活在海洋中的动物，使它们避免灭绝。

固定在海龟壳上的无线跟踪器

跟踪移动

通过给动物安装发射可探测信号的跟踪器，科学家们可以记录它们去过的地方。这可以帮助科学家们保护那些只有在特定栖所才能存活的物种。

再造礁石

在礁石被破坏的地方，用特殊的架子来取而代之。这些架子上"种植"了珊瑚碎片，以促进新的珊瑚礁的生长，好让动物们前来栖息。

数据与事实

科学家们还在不断发现新的海洋物种。海洋中生活的生物物种可能有100万种之多。

每年发现的物种数量

136 种（鱼类）　**452** 种（甲壳类动物）　**683** 种（其他动物）

379 种（软体动物）　**1 650** 种（总数）

鱼类物种

17 400 种（海洋鱼类物种）

32 800 种（所有鱼类物种）

有记录的海洋生物物种

20 万

词汇

薄膜
一种薄而有弹性的类似皮肤的组织，起到屏障的作用。

背鳍
鱼、鲸或海豚背上一个单独的直立鳍。

比目鱼
一种扁平的鱼类，用身体的一侧贴近海底游动，两只眼睛在头部的同侧。这种鱼包括鲽鱼、鳎鱼和鲆鱼等。

捕食者
以捕杀其他动物（猎物）为生的动物。

哺乳动物
一种温血动物，长有毛发，母乳喂养幼仔。海洋哺乳动物包括鲸、海豚和海豹。

潮汐
由太阳和月亮运动引起的海水每天一次或两次涨落的自然现象。

触手
细而有弹性的肢体，主要用于抓捕和进食。有些触手上有触觉、味觉、嗅觉或视觉等感觉器官，还有一些长有吸盘、刺、钩甚至牙齿。

触须
身体的一部分，用来感觉或碰触物体，尤其是在寻找食物时。

垂直迁移
生物在深海和浅水之间的一种运动方式。例如，浮游生物的昼夜迁移，鱼类的季节性迁移。有些生物不同的生命阶段在不同深度的海水中度过，因此也会进行垂直迁移。

刺
有些动物用来自我保护或捕猎的武器。它们通过中空的刺或毒叉把毒液注入猎物体内。

电感应
水生动物探测电场或电流的能力，用来探测目标或相互联系。

毒液
动物产生的一种有毒的物质，用来捕食或自卫，通过咬或刺注入另外一种动物体内。

分贝
用来测量声音强度的单位。符号为dB。90分贝是人耳所能承受的最高限。

疯狂捕食
当一群捕食者（如鲨鱼或旗鱼）成群攻击猎物时，通常没有猎物可以幸免。

浮力
海洋生物漂浮在水中的能力。

浮游生物
在大海或其他水体中漂浮的小型动物或藻类，给大型动物提供食物。浮游生物一般个体很小，但种类繁多、数量很大、分布很广。

感觉孔
鲨鱼和其他电觉鱼类皮肤上充满胶状物的成片小孔。这些小孔可以帮助它们探测电场。

骨架
骨或软骨架，用来支撑动物的身体，给肌肉提供附着点。

海底热泉泉口
海底的裂缝会喷涌出非常热的水。海底热泉泉口周围常常生活着独特的动物群体，这些动物能在严酷的条件下生存。

海沟
海底非常深的峡谷，那里温度几乎不到零度，水压很大。没有动物能在那里生存。

海藻
成团的简单植物，包括微型绿色浮游生物和巨大的多细胞海藻，例如巨藻。

河口
大河的入海口。河口的潮汐变化通常比开阔海洋的大，河口水中的含盐量会随潮汐而变化。

赫兹
用来测量频率的单位。符号为Hz。1赫兹即在1秒钟内完成1次振动。振动频率越快，声调越高。

黑暗区
海洋中寒冷而黑暗的层区，一般位于海平面以下1 000~4 000米，生活在这里的动物要对抗巨大的压力和无尽的黑暗。

恒温的
用来描述那些不管周围环境如何变化都能够保持体温不变的动物。所有的海洋哺乳动物和某些蛇类是恒温动物。

后颌鱼
后颌鱼的父母一方用口腔含住发育中的卵直到孵化，在此期间成鱼不能进食。

棘皮动物
一种海洋无脊椎动物，外骨骼为白垩质，生有管足，例如海星或海胆。

脊椎动物
由多块椎骨或软骨构成脊椎（脊柱）的动物叫脊椎动物。

寄生虫
一种生活在其他动物身上或体内以获得食物或庇护的生物，它们往往对宿主有害。

甲壳动物
一种具有坚硬的外壳和4对或更多对肢体的动物，如虾、螃蟹、龙虾以及水蚤等。甲壳动物需要脱壳才能生长。

礁石
由参差不齐的珊瑚、岩石或沙子形成的，低于或高于海平面的山脊。

冷血
如果某种动物的体温随环境变化而改变，那么我们就把这种动物称为冷血动物，也称为变温动物。冷血动物为了控制自己的体温会根据需要向较热或较冷的地方迁徙。

猎物
被捕食者捕杀的动物。

裂口
动物嘴或壳上的很宽的裂缝。

卵
鱼、两栖动物或无脊椎动物的蛋。产卵就是卵从母体中排出的过程。

卵壳
包裹一些鲨鱼或鳐鱼的受精卵的硬壳，可以保护正在发育的鲨鱼或鳐鱼直到出生。

滤食动物
靠过滤水中悬浮的浮游生物或食物颗粒为食的动物。

滤网
滤食性鱼类身体上的一个结构，它可以刮掉鳃上的食物碎片，并将其送入食管中。

拟饵体
海洋动物身体的一部分，用来引诱猎物。拟饵体可以模拟成一种动物食物，例如蠕虫，也可以发出光亮来吸引黑暗中的猎物。

黏液
动物皮肤分泌的一种软而黏滑的物质，可以让鱼游得更顺畅，也可以保护它们免受寄生虫和传染病的侵扰。有些黏液对捕食者来说是有毒的。

爬行动物
冷血脊椎动物，鳞状皮肤可防水，例如海鬣蜥或海蛇。

皮肤色素
使动物皮肤呈现各种颜色的物质。

迁徙
动物每年到捕食区或繁殖区的有规律的往返旅行。

潜水器
一种用于水下研究和观察的小型装置。

犬齿
肉食动物的尖牙往往比较大。海象

和一角鲸的上犬齿非常长，形成了獠牙。

群体
一群动物生活在一起，常常相互依赖。珊瑚就生活在群体中。

妊娠期
这段时期也叫孕期，即从卵子受精到幼仔出生这段时间。

软骨
一种轻而粗糙，但有弹性的物质。鲨鱼或鳐鳋类的骨骼就是由这种物质构成的。

软体动物
一种无脊椎动物，身体柔软，肌肉发达，有时身体外包有硬壳。软体动物包括蜗牛、蛤蚌和海蛞蝓。

鳃
鱼和其他水生动物从水中获取氧气的结构，一般是成对的。鳃还可以去除血液中的二氧化碳。

伞状体
水母伞状的身体。

珊瑚
成群生活在一起的一种软体动物，通常生活在温暖的浅海中。它们分泌的一种物质会在身体周围硬化成为石头，用来自我保护。

深渊
深渊，又叫深渊带，是海洋中最深的地方，深达4 000~6 000米。那里又黑又冷，几乎没有动物生存。

生物发光
动物产生的光，可以用来吸引配偶、伪装自己、当作诱饵、捕捉猎物，或者与同类联系，这是由动物体内的化学反应产生的。

食腐动物
一种以食用死去的动植物为生的

动物。

水压
动物在进入更深的海水中时感受到的水的重量。在最深的海沟底部，水压能够达到1吨每平方厘米。

体盘
用来描述下孔总目鳐鳋类身体大小的一个术语，例如长有"翅膀"的鳐鱼。

推进
向前移动。

蜕皮（壳）
外壳或外层皮肤脱落的过程，经过这个过程，动物才会长大。这一过程发生在一年中的特定时段或动物一生中的特定时刻。

微光区
紧挨着阳光照射区的层区，从200米到1 000米。几乎没有光线能到达这一区域，植物也不能在这里生长。

伪装
动物身上的颜色和图案可以使它们和背景融为一体。

无脊椎动物
没有脊椎的动物，包括珊瑚、软体动物、海星、水母、虾和海绵。

物种
一群看上去彼此相似的动物，相互间可以繁殖后代。不同物种的动物相互间不能繁衍后代。

胸鳍
靠近鱼类头部的身体两侧的一对鳍，帮助鱼类控制运动方向。

盐度
海水中含盐量的一个标度。每升海水含盐量为35克，每升淡水的含盐量不到0.5克。

阳光照射区
海洋中的最上层，白天沐浴在阳光下。在清澈的海水中这一层区能延伸到200米深，在浑浊的水中则只有15米深。大部分鱼类生活在这一区域。

夜行性
用来描述夜间活跃、白天睡觉的动物。

音高
声音的高低。

营养物
给生命成长和维持生命提供重要营养的物质。

有毒的
用来描述含毒素的物质。一只动物咬或刺另外一只动物可能会使其中毒。

幼体
动物的幼年期，与成年期在形态上有很大区别。很多海洋动物的生命早期都经过幼虫期，包括螃蟹、珊瑚和龙虾。

幼仔
还不具备繁殖能力的动物幼体。

鱼群
大量一起游动的鱼。

索引

致谢

Dorling Kindersley would like to thank Alex Lloyd, Simon Murrell, Amy Child, Clare Joyce, Richard Biesty, Vanya Mittal, Sanjay Chauhan, and Sudakshina Basu for design assistance; Frankie Piscitelli, Vineetha Mokkil, Suefa Lee, Deeksha Saikia, and Rohan Sinha for editorial assistance; Liz Moore for additional picture research; Katie John for proofreading; Hilary Bird for the index; Steve Crozier for creative retouching; and Peter Bull for additional illustration.

DK would also like to thank Simon Christopher, Jason Isley, and Gil Woolley at Scubazoo for providing photographs and consultancy advice. Scubazoo specialize in filming and photographing life under the sea, and take an active role in marine conservation projects all over the world. **www.scubazoo.com**

The publisher would like to thank the following for their kind permission to reproduce their photographs:

(Key: a-above; b-below/bottom; c-centre; f-far; l-left; r-right; t-top)

1 OceanwideImages.com: C & M Fallows. **4 Photoshot:** Charles Hood (tc). **Scubazoo. com:** Adam Broadbent (tr). **5 Scubazoo. com:** Jason Isley (tl, tr, tc). **10-11 Photoshot:** Charles Hood. **10 Photoshot:** Charles Hood (cl). **12-13 Scubazoo.com:** Jason Isley. **13 Scubazoo.com:** Roger Munns (cr). **14 Alamy Images:** WaterFrame (cl). **15 Corbis:** Stuart Westmorland (br). **16 Getty Images:** Jeff Rotman / Photolibrary (bl). **17 Dreamstime.com:** Greg Amptman (tl). **Getty Images:** Mark Conlin / Oxford Scientific (bl). **19 FLPA:** Minden Pictures / Norbert Wu (tl). **20-21 Getty Images:** Paul Nicklen. **23 Corbis:** Minden Pictures / Norbert Wu (bl). **24-25 Dreamstime.com:** Kkg1. **25 Photoshot:** Picture Alliance (cr). **26 Auscape:** John Lewis (cl). **27 Corbis:** Kevin Fleming (tr); Lynda Richardson (bc). **28-29 Scubazoo.com:** Roger Munns. **30-31 OceanwideImages.com:** Andy Murch. **30 SuperStock:** Mark Conlin (cl). **33 Getty Images:** Nature, underwater and art photos. www.Narchuk.com / Moment Open (crb). **34 Getty Images:** Doug Allan / Oxford Scientific (cra). **SuperStock:** Minden Pictures (c). **36 Scubazoo.com:** Jason Isley (cl, tr). **38-39 Getty Images:** David Jenkins / Robert Harding World Imagery.

40-41 Scubazoo.com: Adam Broadbent. **40 Scubazoo.com:** Jason Isley (cl). **43 FLPA:** Biosphoto / Jean-Michel Mille (br). **Scubazoo.com:** Jason Isley (tr). **44-45 Corbis:** Steve Jones / Stocktrek Images. **44 Scubazoo.com:** Jason Isley (cl). **46-47 Alamy Images:** Norbert Probst / Imagebroker. **47 123RF.com:** Krzysztof Odziomek (cr). **48 Corbis:** Alex Kerstitch / Visuals Unlimited (b). **49 Alamy Images:** Blickwinkel (c). **Photoshot:** NHPA (cra). **51 Dorling Kindersley:** David Peart (cl). **52-53 Alamy Images:** Steve Bloom Images. **52 Alamy Images:** Steve Bloom Images (cl). **54 Corbis:** Water Rights / Christophe Courteau (cl). **55 Corbis:** Brandon D. Cole (bl). **Photoshot:** Nigel Downer (cra). **56-57 Science Photo Library:** Alexander Semenov. **56 Dreamstime.com:** Steven Melanson (cl). **59 FLPA:** Biosphoto / Mike Veitch (tc). **Scubazoo.com:** Adam Broadbent (cb). **60-61 imagequestmarine. com:** Michael Aw. **62-63 Science Photo Library:** Dante Fenolio. **63 Science Photo Library:** Dante Fenolio (cr). **66-67 FLPA:** Martin Hale. **66 Corbis:** Hiroya Minakuchi / Minden Pictures (cl). **68-69 Getty Images:** Alexander Safonov / Moment Select. **68 Scubazoo.com:** Roger Munns (cl). **70 FLPA:** Minden Pictures / Pete Oxford (tc). **72-73 Corbis:** Andy Murch / Visuals Unlimited. **73 Scubazoo.com:** Jason Isley (cr). **74-75 Alamy Images:** WaterFrame. **76-77 Scubazoo.com:** Adam Broadbent. **77 Scubazoo.com:** Jason Isley (cr). **78-79 FLPA:** Norbert Probst / Imagebroker. **79 Scubazoo.com:** Jason Isley (cr). **80-81 Alamy Images:** Anthony Pierce. **82-83 Getty Images:** Masa Ushioda. **84-85 Science Photo Library:** Christopher Swann. **85 Scubazoo.com:** Jason Isley (cr). **86-87 SeaPics.com:** Doug Perrine. **87 Corbis:** Stuart Westmorland (cr). **88-89 Photoshot:** Andy Rouse. **89 Getty Images:** Danita Delimont / Gallo Images (cr). **92-93 Scubazoo.com:** Gil Woolley. **93 Scubazoo.com:** Jason Isley (cr). **94-95 SeaPics.com:** Doug Perrine. **94 Scubazoo.com:** Jason Isley (cl). **96-97 Scubazoo.com:** Jason Isley. **97 FLPA:** Ingo Arndt / Minden Pictures (cr). **98 Alamy Images:** National Geographic Image Collection (cra). **99 Alamy Images:** Karen & Ian Stewart (tr). **Robert Harding Picture Library:** Michael S. Nolan (crb). **100 Scubazoo.com:** Jason Isley (cl). **100-101 Scubazoo.com:** Adam Broadbent.

102-103 Scubazoo.com: Jason Isley. **104-105 imagequestmarine.com:** James d. Watt. **106-107 Corbis:** Chris Newbert / Minden Pictures. **107 Scubazoo.com:** Adam Broadbent (cr). **108-109 FLPA:** Bruno Guenard / Biosphoto. **110-111 Corbis:** Paul Nicklen / National Geographic Society. **112-113 naturepl.com:** Bruce Rasner / Rotman. **115 Getty Images:** Borut Furlan / WaterFrame (br). **117 Getty Images:** Doug Perrine / Photolibrary (br). **118 Scubazoo.com:** Gil Woolley (br). **119 Science Photo Library:** Paul Zahl (cl). **120-121 Scubazoo. com:** Jason Isley. **121 Getty Images:** Gerard Soury / Oxford Scientific (cr). **122 Dreamstime.com:** Howard Chew / Singularone (cl). **122-123 Scubazoo.com:** Jason Isley. **124-125 Photoshot. 125 FLPA:** Kelvin Aitken (cr). **127 Corbis:** Chris Newbert / Minden Pictures (tl). **128-129 Science Photo Library:** Visuals Unlimited Inc. / Andy Murch. **129 FLPA:** Biosphoto / Gérard Soury (cr). **130-131 Alamy Images:** FLPA. **131 Scubazoo.com:** Jason Isley (cr). **132-133 Scubazoo.com:** Jason Isley. **134-135 FLPA:** Gerry Ellis / Minden Pictures. **134 Getty Images:** David Courtenay / Oxford Scientific (cl). **136-137 Alamy Images:** Mark Conlin. **138 FLPA:** Biosphoto / Brandon Cole (clb); Minden Pictures / Mitsuaki Iwago (cl). **Scubazoo.com:** Christian Loader (tr). **139 Alamy Images:** Martin Strmiska (cr). **140-141 Alamy Images:** WaterFrame. **142-143 Scubazoo.com:** Jason Isley. **144-145 Alamy Images:** Dan Sullivan. **145 Photoshot:** Charles Hood / Oceans Image (cr). **146-147 Robert Harding Picture Library:** Reinhard Dirscherl. **147 Alamy Images:** Photoshot Holdings Ltd (cr). **148 Scubazoo.com:** Jason Isley (cl). **148-149 Scubazoo.com:** Christian Loader. **150-151 Getty Images:** David Wrobel / Visuals Unlimited, Inc. **151 Photoshot:** NHPA (cr). **152-153 Getty Images:** Marevision. **154-155 Photoshot:** Saul Gonor / Oceans Image. **156-157 Getty Images:** Visuals Unlimited, Inc. / Reinhard Dirscherl. **156 Alamy Images:** Adam Butler (cl). **158-159 Getty Images:** Barcroft Media / Contributor. **160-161 Getty Images:** Sakis Papadopoulos / The Image Bank. **164 Alamy Images:** Martin Strmiska (br). **Photoshot:** Michael Patrick O'Neill (cl). **165 FLPA:** Imagebroker / Norbert Probst (tr). **166-167 Naturfoto www.naturephoto-cz.com. 168 Alamy Images:** Marty

Snyderman / Stephen Frink Collection (cl). **169 Corbis. 170-171 FLPA:** Hiroya Minakuchi / Minden Pictures. **172 Scubazoo.com:** Jason Isley (tr). **173 Scubazoo.com:** Jason Isley (tr, br). **174-175 SeaPics.com:** Eric Cheng. **176-177 Dreamstime.com:** Beverly Speed. **177 Photoshot:** LOOK (cr). **178-179 Alamy Images:** Tobias Friedrich / F1online digitale Bildagentur GmbH. **178 Scubazoo.com:** Jason Isley (cl). **180 Science Photo Library:** Visuals Unlimited Inc. / Andy Murch (bc). **181 FLPA:** Biosphoto / Bruno Guenard (tr). **182-183 Photoshot:** Richard Smith / NHPA. **184-185 Scubazoo.com:** Jason Isley. **186-187 FLPA:** Imagebroker. **186 Science Photo Library:** Andy Murch / Visuals Unlimited, Inc. (cl). **190 FLPA:** Biosphoto / Pascal Kobeh (cla). **Getty Images:** (crb). **Scubazoo.com:** Jason Isley (bc). **191 imagequestmarine.com:** Peter Herring (cb). **naturepl.com:** David Shale (bl). **192 FLPA:** Biosphoto / Yann Hubert (c). **Scubazoo.com:** Jason Isley (clb). **192-193 Scubazoo.com:** Jason Isley. **194-195 Getty Images:** Brian J. Skerry. **195 Science Photo Library:** Alexis Rosenfeld (cb). **Woods Hole Oceanographic Instititution:** Image courtesy Charles Fisher, Penn State / NSF, NOAA / HOV Alvin 2002 (cr). **196-197 Scubazoo.com:** Jason Isley. **197 Getty Images:** Wayne Lynch (c). **Scubazoo.com:** Adam Broadbent (bc); Jason Isley (crb). **198-199 Science Photo Library:** Photostock-Israel. **198 Corbis:** Stephen Frink (bc, c). **Scubazoo.com:** Jason Isley (clb). **200-201 FLPA:** Minden Pictures / Norbert Wu. **200 FLPA:** Frans Lanting (c); Minden Pictures / Norbert Wu (bc). **Science Photo Library:** Dr Ken MacDonald (clb). **202-203 Science Photo Library:** Douglas Faulkner. **203 Alamy Images:** Rheinhard Dirscherl (cr). **Scubazoo.com:** Roger Munns (cb). **204 Scubazoo.com:** Jason Isley (tr, ftr); Christian Loader (tc). **206 Scubazoo.com:** Jason Isley (tr, ftr); Roger Munns (tc). **208 Scubazoo.com:** Jason Isley (tr)
Endpapers: **Dreamstime.com:** Dream69 0

All other images © Dorling Kindersley

For further information see: **www.dkimages.com**